国家林业和草原局普通高等教育"十四五"规划教材

林业无人机遥感

UAV Remote Sensing in Forestry

张　超　杨思林　主编

中国林业出版社

图书在版编目(CIP)数据

林业无人机遥感／张超主编. —北京：中国林业出版社，2021.12(2024.7重印)
ISBN 978-7-5219-1478-8

Ⅰ.①林… Ⅱ.①张… Ⅲ.①无人驾驶飞机-应用-森林遥感 Ⅳ.①S771.8

中国版本图书馆 CIP 数据核字(2022)第 003361 号

中国林业出版社教育分社

责任编辑：范立鹏　　　　　　　　**责任校对**：苏　梅
电　　话：(010)83143626　　　　**传　　真**：(010)83143516

出版发行	中国林业出版社(100009　北京市西城区刘海胡同7号)
	https://www.cfph.net
经　销	新华书店
印　刷	北京中科印刷有限公司
版　次	2021 年 12 月第 1 版
印　次	2024 年 7 月第 2 次
开　本	787mm×1092mm　1/16
印　张	12.5
字　数	446 千字(含数字资源 150 千字)
定　价	45.00 元

数字资源

未经许可，不得以任何方式复制或抄袭本书之部分或全部内容。

版权所有　侵权必究

《林业无人机遥感》
编写人员

主　　编：张　超　杨思林

编写人员：(按姓氏拼音排序)
　　　　　黄选瑞(河北农业大学)
　　　　　孔　雷(国家林业和草原局昆明勘察设计院)
　　　　　李永宁(河北农业大学)
　　　　　林子超(昆明得一科技有限责任公司)
　　　　　刘云根(西南林业大学)
　　　　　卢　伟(河北农业大学)
　　　　　孟京辉(北京林业大学)
　　　　　欧光龙(西南林业大学)
　　　　　邵景安(重庆师范大学)
　　　　　王　妍(西南林业大学)
　　　　　王俊峰(西南林业大学)
　　　　　杨思林(西南林业大学)
　　　　　尹艳豹(东北林业大学)
　　　　　袁岗成(云南省林业调查规划院)
　　　　　张　超(西南林业大学)
　　　　　朱光玉(中南林业科技大学)

主　　审：陈永富(中国林业科学研究院)
　　　　　柯玉宝(中国航空器拥有者及驾驶员协会)

前 言

林业是以保护生态环境、保持生态平衡、培育和保护森林，并取得木材和其他林产品、利用林木的自然特性以发挥防护作用的公益性行业，是我国国民经济的重要组成部分。林业部门管理的林地面积辽阔、森林资源种类丰富、生态环境功能多样，上述特点决定了林业部门在进行相关基础数据收集和调查工作时必须使用效率和可靠性高、成本和工作量低的技术手段。林业是遥感技术应用最早的行业之一，遥感技术在森林资源监测与评价方面的研究和探讨已取得了较多成果。高空间分辨率遥感利用其在色调、亮度、饱和度、形状和纹理结构等方面的优势，使森林经营由粗放向精准化方向发展；高光谱遥感使对地探测的波段范围不断延伸，波段的分割越来越精细，在植被信息识别、提取和分类精度等方面取得了较大突破；激光雷达遥感技术可直接获取森林垂直结构信息，弥补了其他遥感手段在探测森林空间结构方面的不足。然而，传统的林业遥感(包括航天遥感、载人航空遥感和地面遥感)存在诸多技术瓶颈，如遥感影像质量、分辨能力、数据购置成本、图像处理方法、森林参数的识别、估算和反演能力等。

进入21世纪，无人机遥感技术广泛应用于民用领域，在林业、农业、测绘、国土、环保、电力和建筑等行业的使用范围越来越大、使用频率越来越高。目前，我国诸多林业管理部门、林业调查规划部门、林业科研单位、林业教育部门以及从事林业相关的企业已普遍具备了林业无人机遥感的相关硬件条件。但是，仅具备硬件条件是远远不够的，硬件条件为空间和属性数据的技术应用提供了更多潜力。完善林业无人机遥感技术的行业实践能力支持，尤其是培养无人机操控和林业遥感专业技术兼备的交叉型高级技术应用人才，是当前林业行业应用无人机遥感的关键。

在当今市场对无人机各类专业技术人才迫切需求的背景下，国内外高等教育、职业教育中逐渐出现了相关无人机教学资源。国外高校的无人机教育较为系统、成熟，诸多高校陆续开设了无人机专业，如美国的堪萨斯州立大学、北达科他大学等。国内高校的无人机教育目前处于起步阶段，相关教学和课程资源较少，在无人机教学方面仍缺乏系统、科学的课程体系、教材资料和标准规范；国内职业技术类院校在无人机专业建设和实践教学方面则发展迅速，相关培训机构如雨后春笋般应运而生。国内林业类院校至今缺乏林业无人机遥感技术方面的教学资源，针对无人机遥感在林业行业的系统应用教育仍属空白。编者总结近年在林业无人机遥感教学和研究工作的成果编写了本书。

全书兼具理论性、资料性和实践性，分为上、中、下三篇：上篇从无人机基础知识、民用无人机的法律监管、多旋翼无人机的操控与维护技术、林业无人机航测技术、无人机影像预处理技术5个方面介绍了林业无人机遥感的基础理论；中篇从基于UAV的冠幅提取技术、基于UAV的树高估算技术和基于UAV的树种识别技术3个方面，结合具体案例，介绍了基于无人机遥感的森林信息提取技术；下篇从多旋翼无人机基础飞行、林业航测、标准地协同调查、影像预处理、影像解译等角度设计了10个实践操作练习，同时结合习题集使读者系统掌握多旋翼无人机的理论和实践知识。

在本书的编写过程中，编者参阅、借鉴了国内外文献、著作、网络资源和相关法律规章等，利用Pix4Dmapper、Menci APS、PhotoScan、LIDAR360、ERDAS IMAGINE、ArcMap、eCognition、ENVI、MATLAB等软件的测试版计算并演示了操作过程及结果，在此谨向相关资源和软件的拥有者致以诚挚的谢意！初稿完成后，由中国林业科学研究院陈永富研究员和中国航空器拥有者及驾驶员协会执行秘书长柯玉宝先生进行了审阅，提出了很多宝贵的意见和建议，在此表示衷心的感谢！

本书可作为高等农林院校及农林职业院校的本专科生、研究生的教材和教学参考书，也可作为从事森林资源经营管理方面的管理人员、科研人员的参考书、工具书。由于编者知识水平有限，尽管在编著过程中努力追求完善，书中难免出现不当和疏漏之处，敬请广大读者提出批评和改进意见。

编　者

2021年4月

目 录

前 言

上篇 基础理论

第1章 无人机基础知识 (2)
1.1 无人机的定义 (2)
1.2 无人机的分类 (3)
1.3 无人机的硬件构成 (8)
1.4 无人机的特点 (11)
思考题 (13)
参考文献 (14)

第2章 民用无人机的法律监管 (15)
2.1 民用无人机相关法律法规体系 (15)
2.2 无人机空域管理 (17)
2.3 无人机运行管理 (19)
2.4 民用无人机人员管理 (22)
思考题 (24)
参考文献 (24)

第3章 多旋翼无人机操控与维护技术 (26)
3.1 多旋翼无人机飞行前准备 (26)
3.2 多旋翼无人机的起飞与降落 (34)
3.3 悬停与方向控制 (35)
3.4 多旋翼无人机的运行 (37)
3.5 多旋翼无人机的航线飞行 (37)
3.6 多旋翼无人机的应急操纵 (38)
3.7 多旋翼无人机的保养与维护 (39)
3.8 多旋翼无人机模拟飞行 (41)
思考题 (42)
参考文献 (42)

第4章 林业无人机航测技术 (44)
4.1 林业无人机应用领域概述 (44)

4.2 无人机载光学成像相机 …………………………………………… (49)
4.3 基于DJI GS Pro 的外业航测案例 ……………………………… (54)
思考题 …………………………………………………………………… (60)
参考文献 ………………………………………………………………… (61)

第5章 无人机影像预处理技术 …………………………………………… (62)
5.1 常用软件概述 …………………………………………………… (62)
5.2 基于Pix4Dmapper 的预处理案例 ……………………………… (64)
5.3 基于Menci APS 的预处理案例 ………………………………… (69)
5.4 基于PhotoScan 的预处理案例 ………………………………… (72)
5.5 无人机影像其他预处理案例 …………………………………… (75)
5.6 林业地图制图 …………………………………………………… (81)
思考题 …………………………………………………………………… (82)
参考文献 ………………………………………………………………… (83)

中篇 森林信息提取

第6章 基于UAV 的冠幅提取技术 ………………………………………… (86)
6.1 概述 ……………………………………………………………… (86)
6.2 相关技术方法 …………………………………………………… (87)
6.3 典型案例分析 …………………………………………………… (90)
6.4 技术总结 ………………………………………………………… (99)
思考题 …………………………………………………………………… (99)
参考文献 ………………………………………………………………… (100)

第7章 基于UAV 的树高估算技术 ………………………………………… (101)
7.1 树高估算技术概述 ……………………………………………… (101)
7.2 无人机遥感树高估算方法 ……………………………………… (102)
7.3 无人机遥感树高估算典型案例分析 …………………………… (104)
7.4 技术总结 ………………………………………………………… (118)
思考题 …………………………………………………………………… (119)
参考文献 ………………………………………………………………… (120)

第8章 基于UAV 的森林蓄积量估算技术 ………………………………… (121)
8.1 森林蓄积量调查概述 …………………………………………… (121)
8.2 无人机遥感森林蓄积量估算方法 ……………………………… (122)
8.3 典型案例分析 …………………………………………………… (126)
8.4 技术总结 ………………………………………………………… (131)
思考题 …………………………………………………………………… (132)
参考文献 ………………………………………………………………… (132)

第9章 基于UAV的树种识别技术 ………………………………………………… (134)
    9.1 树种识别概述 ………………………………………………………………… (134)
    9.2 无人机遥感树种识别方法 …………………………………………………… (135)
    9.3 典型案例分析 ………………………………………………………………… (138)
    9.4 技术总结 ……………………………………………………………………… (148)
    思考题 …………………………………………………………………………… (149)
    参考文献 ………………………………………………………………………… (150)

下篇 实践操作

实践1 多旋翼无人机基础飞行 ……………………………………………………… (154)
实践2 多旋翼无人机林业航测 ……………………………………………………… (156)
实践3 标准地协同调查 ……………………………………………………………… (158)
实践4 无人机影像预处理——Pix4Dmapper ……………………………………… (163)
实践5 无人机影像预处理——Menci APS ………………………………………… (164)
实践6 无人机影像预处理——PhotoScan ………………………………………… (165)
实践7 无人机影像预处理——ERDAS IMAGINE ………………………………… (166)
实践8 无人机影像预处理——ArcMap …………………………………………… (168)
实践9 无人机影像解译——冠幅提取 …………………………………………… (170)
实践10 无人机影像解译——树高估算 …………………………………………… (172)
多旋翼无人机基础知识习题集 ……………………………………………………… (173)
多旋翼无人机基础知识答案 ………………………………………………………… (188)

上篇

基础理论

第 1 章

无人机基础知识

1.1 无人机的定义

无人机(unmanned aerial vehicle,UAV)发源于第一次世界大战期间,其最初原型为 1917 年英国人研制的无线电操控装置。随后,欧美国家在战场上以其代替或者辅助人类进行军事战争(贾玉红,2020)。进入 21 世纪以来,随着国际局势的变化以及全球经济的快速发展,无人机技术逐渐从军事领域迅速扩展到民用领域(贾海瀛等,2020)。无人机既可执行侦察、监视、电子干扰和作战等军事任务,也可广泛应用于林业、农业、测绘、自然资源、环保、电力和交通等民用领域(钟伟雄等,2019)。

无人机由人为遥控控制或由机载计算机自主控制(符长青等,2019)。广义上,无人机不仅指天空中的无人驾驶飞行器,还包括在陆上、水面或水下无人驾驶的车辆或小型船舶、舰艇等(Ludeno et al.,2018),如图 1-1 所示。

(a)无人驾驶航空器　　　　　(b)无人驾驶汽车　　　　　(c)无人驾驶潜航器

图 1-1　广义的无人机

狭义的无人机又称无人驾驶航空器,是利用无线电遥控设备和自备的程序控制装置操纵的不载人飞机。中国民用航空局(Civil Aviation Administration of China,CAAC)对无人机的定义:无人机是指由控制站管理(包括远程操纵或自主飞行)的航空器。民用领域使用的无人机常根据不同的用途配备各种类型的传感器,可应用于自然资源调查、遥感航测、环境监测与保护、气象监测及救灾救援等领域。

无人机系统(unmanned aircraft system,UAS),是指由无人机、传感器、地面站、数据通信装置及运输、数据处理和数据管理装置等的统称。无人驾驶航空器一般不是单独存在的,各行业广泛应用的无人机系统一般由多个部分(模块)构成(鲁储生等,2019),如图

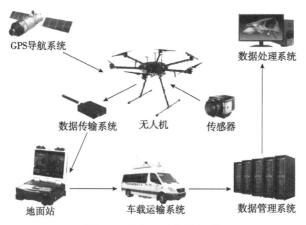

图 1-2 无人机系统的组成

1-2 所示,以解决不同行业的具体应用技术问题。

无人机遥感(unmanned aerial vehicle remote sensing),是指利用无人驾驶航空器技术、遥感传感器技术、遥测遥控技术、通信技术和 GPS 差分定位技术等,实现自动化、智能化、专用化获取自然资源、自然环境和社会经济等空间遥感信息数据,完成遥感数据处理、建模和分析的应用技术。无人机遥感克服了传统航天遥感和载人航空遥感的诸多弊端,具有使用成本低、机动灵活等特点(廖小罕等,2020),如图 1-3 所示。

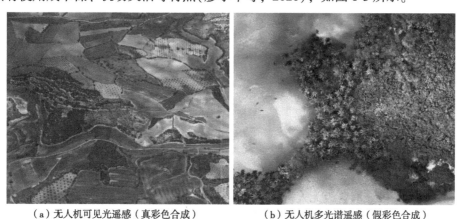

(a)无人机可见光遥感(真彩色合成)　　(b)无人机多光谱遥感(假彩色合成)

图 1-3 无人机遥感成像技术

1.2 无人机的分类

按不同的分类角度,可以将无人机划分为多种类型,具体的分类角度包括:使用领域、平台构型、质量、动力来源、活动半径、任务高度和飞行速度等。

1.2.1 按使用领域分类

①军用无人机。军用无人机是现代空中军事力量的重要装备之一,属于现代军队的高科技智能化武器,其对隐蔽性、智能化、灵敏度及可靠性等方面均有着极高要求,主要执

行情报侦察、战况评估、目标定位、电子对抗、空中格斗和后勤保障等军事任务,包括侦察无人机、电子对抗无人机、诱饵无人机和攻击无人机等类型(张胜逊等,2020)。国际上具有代表性的军用无人机为美国全球鹰无人机(Global Hawk)[图1-4(a)],其最大航程26 000 km,最大飞行速度740 km/h,可执行从美国本土起飞到达全球任何地点的军事侦察任务。我国的军用无人机近年发展迅速,自主研发的翔龙无人机[图1-4(b)]是典型代表,其最大起飞重量6800 kg,飞行半径2500 km,最大飞行速度700 km/h。

(a)全球鹰无人机(美国)   (b)翔龙无人机(中国)

图1-4 军用无人机

②民用无人机。民用无人机是21世纪新一代科技革命的产物,已广泛应用于社会经济发展的各个领域,初步发挥了高新技术带来的巨大效益(廖小罕等,2019)。其对飞行速度、高度和航程等方面的要求视具体的应用领域而异,性能和行业应用差异较大。当前,民用无人机主要应用于林业、农业、测绘、自然资源、环保、电力和交通等领域。例如,DJI Phantom 4 RTK[图1-5(a)]和SenseFly eBee Plus[图1-5(b)]无人机可应用于自然资源测绘领域。

(a)DJI Phantom 4 RTK   (b)SenseFly eBee Plus

图1-5 民用无人机

③消费级无人机。消费级无人机主要面向个人用户,其用途是进行娱乐自拍、竞技和游戏等活动(谢辉,2018)。通常以多旋翼无人机为主,正逐步普及到人们的日常生活中,具有代表性的产品为DJI Mavic和DJI Spark(图1-6)。

(a)DJI Mavic   (b)DJI Spark

图1-6 消费级无人机

1.2.2 按平台构型分类

①多旋翼无人机。通常采用3个及以上的旋翼控制无人机机体，依靠各个方向的旋翼产生的升力平衡飞行器自身的重力，依靠某一方向的旋翼倾斜产生水平方向的推力。常见的多旋翼无人机有四旋翼[图1-7(a)]、六旋翼[图1-7(b)]、八旋翼[图1-7(c)]甚至十八旋翼等。旋翼数量越多，飞行越平稳(朱圣洁，2019)。多旋翼无人机具有体积小、操作简单、垂直起降、可悬停和对场地要求低等优点，但其载荷小，续航时间短，飞行高度低。

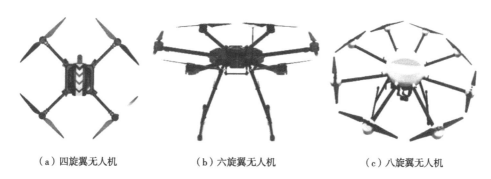

（a）四旋翼无人机　　　（b）六旋翼无人机　　　（c）八旋翼无人机

图1-7　多旋翼无人机

②固定翼无人机。其机翼固定不动，机翼与机身相互垂直(图1-8)，外形多呈"土"或"十"字形，升力源于机翼与空气的相对运动，依靠螺旋桨或涡轮发动机产生的推力作为向前飞行的动力。由于其飞行平台较为稳定，具有载荷大、飞行效率高和航程长等特点，适合进行远距离、大范围的飞行任务(王锋等，2019)。需要注意的是，固定翼无人机采用滑行或弹射起飞，伞降或滑行着陆，不能悬停，起飞和着陆均需要一定长度的跑道，所以对起飞、着陆的场地地形的要求较高。

（a）天马W200固定翼无人机　　　（b）Parrot固定翼无人机

图1-8　固定翼无人机

③无人直升机。靠主旋翼提供升力。主旋翼旋转时桨叶产生相对气流速度，使桨叶产生向上的升力。无人直升机具有效率高、成本低、起降受限小和可悬停等特点；但其体型较大、平飞速度低、飞行噪声大、机械结构复杂(图1-9)，需要专业操作人员操控。

④扑翼机。又称仿生物无人机、振翼机，其机翼可以上下拍打、扑动(图1-10)。扑动的机翼不仅产生升力，还产生向前的推动力。扑翼机具有尺寸小、灵敏度高和隐蔽性好等特点，可应用于生化探测与环境监测、人员不易进入的建筑物等场景，军事上多用于侦察、巡逻和信号干扰等。扑翼机的技术含量高，故生产成本较高，且气动效率低、有效载荷小。

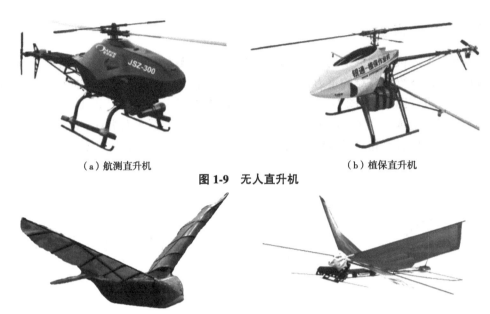

(a)航测直升机　　　　　　　　　　　　(b)植保直升机

图 1-9　无人直升机

图 1-10　扑翼机

⑤伞翼无人机。又称无人动力翼伞，是一种以柔性伞翼代替刚性机翼的无人机，借助翼伞提供的升力和螺旋桨产生的推力飞行。伞翼通常为三角形或矩形（图 1-11）。伞翼无人机具有载荷大、成本低、易于维护和对场地要求低等特点，可执行运输、通信和侦察等任务。

(a)三角形伞翼机　　　　　　　　　　　(b)矩形伞翼机

图 1-11　伞翼无人机

⑥无人飞艇。升力源于气囊，其浮力由气囊中的氢气提供，舱中安装发动机提供部分升力，尾面螺旋桨用于控制和保持航向、稳定俯仰姿态。无人飞艇具有重量轻、操作简便和稳定性强等特点，常用于空中巡逻、监视、广告飞行和科研任务搭载等（图 1-12）。

图 1-12　无人飞艇

1.2.3 按质量分类

根据中国《民用无人驾驶航空器系统驾驶员管理暂行规定》，按空机质量可将无人机分为微型、轻型、小型和大型无人机共4类。针对不同质量类别的无人机，我国施行对应的民用无人机驾驶执照等级管理制度。

①微型无人机。空机质量小于或等于7 kg。
②轻型无人机。空机质量大于7 kg，小于或等于116 kg，且全马力平飞中，校正空速小于100 km/h，升限小于3000 m。
③小型无人机。空机质量小于或等于5700 kg（微型和轻型无人机除外）。
④大型无人机。空机质量大于5700 kg。

1.2.4 按动力来源分类

无人机按动力来源可分为电动无人机和油动无人机两类（表1-1）。电动无人机相比油动无人机，以其轻巧便携、制造成本低等优势，是目前多旋翼无人机主要采用的动力形式；油动无人机在续航、载重方面则显著优于电动无人机。

表1-1 电动无人机与油动无人机的主要区别

类型	电动无人机	油动无人机
动力驱动	锂电池	汽油、柴油
制造成本	低	高
载重量	小	大
续航能力	弱	强
作业效率	低	高
抗风能力	弱	强
稳定性	系统可靠性强，稳定性高	稳定性差，危险性大
场地适应	场地适应能力强，高原性能优越	场地适应能力差，高原性能不足
操作难度	操作简单，对飞行员操作水平要求低	操作复杂，对飞行员操作水平要求高

1.2.5 按活动半径分类

无人机按活动半径可分为超近程、近程、短程、中程和远程无人机。
①超近程无人机：活动半径为0~15 km。
②近程无人机：活动半径为15~50 km。
③短程无人机：活动半径为50~200 km。
④中程无人机：活动半径为200~800 km。
⑤远程无人机：活动半径大于800 km。

1.2.6 按任务高度分类

无人机按任务高度可分为超低空、低空、中空、高空和超高空无人机。

①超低空无人机：任务飞行高度为0~100 m。
②低空无人机：任务飞行高度为100~1000 m。
③中空无人机：任务飞行高度为1000~7000 m。
④高空无人机：任务飞行高度为7000~18 000 m。
⑤超高空无人机：任务飞行高度大于18 000 m。

1.2.7 按飞行速度分类

无人机按飞行速度可分为低速、亚音速、跨音速、超音速和高超音速无人机。
①低速无人机：飞行速度小于0.3 Ma*。
②亚音速无人机：飞行速度为0.3~0.7 Ma。
③跨音速无人机：飞行速度为0.7~1.2 Ma。
④超音速无人机：飞行速度为1.2~5.0 Ma。
⑤高超音速无人机：飞行速度大于5.0 Ma。

1.3 无人机的硬件构成

一般来说，常见民用多旋翼无人机主要由机架、飞行控制模块、GPS模块、电机、电子调速器、螺旋桨、电池、遥控器、无线图像传输模块、云台、相机和地面站等部分构成（于坤林等，2020；符长青等，2016）。

(1)机架

机架的主要作用是承载和固定各配件的主体框架。按其材质，可将机架分为尼龙塑胶型机架、玻璃纤维型机架和碳纤维型机架等（图1-13）。机架重量和耐摔强度决定其价格。

（a）四轴尼龙塑胶型机架　　　　　　　　（b）六轴碳纤维型机架

图1-13　多旋翼机架

(2)飞行控制模块

飞行控制（简称"飞控"）模块类似于人的大脑，是无人机的核心部件，主要作用是负责无人机的飞行控制，其关键技术参数在于飞行控制的性能和稳定性。常见的飞行控制模块如APM飞控、PIXHAWK飞控、F4飞控和NAZA飞控等（图1-14）。

注：* Ma为马赫，是飞行速度与当地大气中的音速之比，1 Ma即1倍音速。

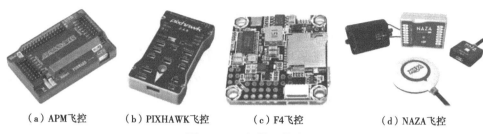

(a) APM飞控　　(b) PIXHAWK飞控　　(c) F4飞控　　(d) NAZA飞控

图1-14　飞行控制模块

(3) GPS 模块

GPS 模块的主要功能是定位和导航(图1-15)。GPS 模块负责接收定位信息(经纬度和海拔)并发送至飞控模块,飞控模块通过分析和计算,识别无人机所在的位置和高度,在此基础上发出飞行动作指令。GPS 模块接收的定位信息源于导航卫星信号,全球主要的卫星导航系统包括北斗卫星导航系统(中国)、GPS(美国)和 GLONASS(俄罗斯)。搜星速度快、搜星数量多,其定位精度高。

图1-15　GPS 模块

(4) 电机

多数无人机使用的电机为无刷交流电机[图1-16(a)]。无刷交流电机采用外转子设计,具有高效率、低功耗、寿命长和低噪声等特点。

(5) 电子调速器

电子调速器(简称"电调"),是连接电机和飞行控制模块的电机调速系统的统称。其主要作用是接收飞行控制模块的信号,调节电机的转速,实现对飞行姿态的控制。电子调速器分为有刷电调和无刷电调,以无刷电调应用最为广泛(图1-17)。每个无刷电机都需要一个无刷电调与之相连接。

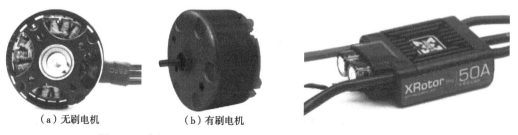

(a) 无刷电机　　(b) 有刷电机

图1-16　电机　　　　　　　　　　　图1-17　无刷电调

(6) 螺旋桨

螺旋桨是无人机的直接升力来源,其性能和品质决定了飞行效果和稳定性。按其材质,螺旋桨可分为塑料桨、碳纤维桨和木质桨等(图1-18),以塑料桨最为常见。多旋翼无人机的螺旋桨有正桨和反桨之分。每个螺旋桨在旋转时与空气摩擦,产生水平方向的扭矩,使相邻的螺旋桨沿相反方向旋转,这样可以令水平方向的力矩相互抵消。

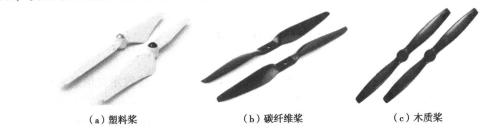

(a)塑料桨　　　　　(b)碳纤维桨　　　　　(c)木质桨

图 1-18　螺旋桨

(a)兼容锂电池　　(b)品牌锂电池

图 1-19　锂电池

(7) 电池

电池是为无人机提供动力的重要部件,通常采用容量大、寿命长、重量轻和转化效率高的锂电池(图1-19)。限于无人机自身的重量负荷,续航时间是制约多旋翼无人机的主要技术瓶颈,正确使用和保养锂电池是延长其使用寿命、提高利用效率的重要内容。

(8) 遥控器

遥控器包括信号发射和接收两部分,其主要作用是向无人机发射指令,经由飞行控制系统,令无人机执行相应的动作指令。遥控器根据发射信号类型的数量可分为不同的通道。通道即遥控器控制的动作路数,例如,仅控制上下飞行,即为1通道;控制上下、左右、前后、旋转,即为4通道。常见的遥控器品牌包括富斯(FLYSKY)、乐迪(RadioLink)和天地飞(WFLY)等(图1-20)。

(a)富斯遥控器　　　　　(b)乐迪遥控器　　　　　(c)天地飞遥控器

图 1-20　遥控器

(9) 无线图像传输模块

无线图像传输(简称"无线图传")模块通过将机载相机成像的数据以电磁波信号的形式发送,被地面接收平台接收,接收平台将无人机采集到的信号显示在屏幕上(图1-21),

多具有大带宽、远距离、抗干扰能力强和绕射性能强等特性。

(10) 云台、相机

云台是无人机用于安装、固定相机等任务载荷的支撑设备，分为固定云台和电动云台2种(图1-22)。电动云台一般由2个交流电机组成，可实现水平和垂直方向的运动。

相机是无人机对地成像设备，一般分为可见光相机、多光谱相机和高光谱相机等类型。

图1-21　无线高清图像传输模块

（a）固定云台　　　（b）电动云台

图1-22　云台、相机

(11) 地面站

地面站与无人机体分离，一般安装于智能手机或平板电脑，负责信号的接收、处理和发送，实时显示无人机软硬件的状态信息(图1-23)，能够对无人机的航线、动作进行智能规划，使无人机完成自动飞行、自动拍摄或其他特定动作。

图1-23　地面站

1.4　无人机的特点

1.4.1　无人机的优势

(1) 小巧灵活

由于无人机不需要承载飞行员，不需考虑人员的生存保障空间和应急救生系统

(图 1-24),从而大幅减小了无人机的体积,质量普遍较小,在飞行时灵活度高,机动性强,且容易操控,驾驶者无须通过严苛的有人驾驶飞机的驾驶执照(宋建堂,2019)。

(a)无人机　　　　　　　　　　　　(b)有人驾驶航空器

图 1-24　无人机与有人驾驶航空器

(2) 成本低廉

由于无人机体积小、质量小、能耗低和构造简单,降低了制造成本,与有人机动辄数百上千万的价格相比,无人机具有显著的价格优势;与有人机相比,节省了昂贵的人员训练费用,且无人机可以长期保存在仓库里,保存费用低,维护成本少。

(3) 不惧伤亡

因为无人机不容纳飞行人员,仅通过地面遥控飞行,不存在人员安全的风险,所以不需过分考虑飞行人员和飞行器的安全问题;若发生意外情况,最多是无法回收,一般不会造成重大的人员伤亡。

(4) 隐蔽性好

无人机体积小、隐身性能好,不易被发现,可用于执行隐蔽的侦察任务。多数军用无人机采用红外隐身技术,使雷达和目视侦察难以发现;此外,轻型和微型无人机的体积小、光学信息和红外辐射特征较弱,可有效躲避各类雷达的电磁波探测。

(5) 起降简单

无人机的起飞和降落对场地条件要求相对较低,在地面站通过无线电遥控或机载计算机遥控,在较小的场地上能够自由起飞和降落(图 1-25),省去了有人机需要的严苛的起降场地条件。

(6) 安全高效

无须人类亲自执行任务,就可以替代人类完成各种情景下的任务;与传统的工作模式

(a)多旋翼无人机起降　　　　(b)固定翼无人机起降　　　　(c)有人驾驶飞机起降

图 1-25　航空器的起降场地

和效率相比，无人机更具高效、稳定的特点。

(7) 功能多样

无人机技术已广泛普及到各个民用领域，如林业调查、森林防火、灾害救援、植物保护、测绘城市规划、自然资源开发、交通管制和影视航拍等方面；同时，诸多无人机爱好者用于娱乐自拍、竞技和游戏等活动。

1.4.2 无人机的不足

(1) 续航时间短、航程近

无人机体积小、重量轻，电池仓/油箱的容量受到局限，载荷重量有限，不能携带更多动力能源，导致其巡航时间短、航程近，电动无人机尤为显著。

(2) 飞行速度慢、抗风能力差

受到发动机功率的限制，无人机无法实现有人机的高速飞行，较有人机的飞行速度慢；在受到风、雨等恶劣气象条件限制下，无人机机身容易受损，容易偏离已制定好的飞行航线，难以保持其飞行的平稳性。

(3) 应变能力不强

在面对复杂多变的任务情景下，无人机不能灵活应对各种突发事件，仅能根据预设指令机械地执行任务；当遇到信号干扰时，容易出现地面站和无人机失去联系的情况，虽可继续靠机载电脑执行任务计划，但其应变能力不强。

(4) 存在违法风险

无人机操作员与传统的飞机驾驶员相比，缺乏系统、严格的航空法规培训，且目前针对无人机的航空管制规定一般较为严格，不具有优先等级。同时，除部分品牌的无人机外，自行组装的无人机不具备电子围栏，容易出现扰航及闯入禁区的事件。无人机在很多场所不适合飞行，如机场、飞机飞行区域、公共场所和私人住宅等；对扰乱军事禁区、军事管理区管理秩序和危害军事设施安全的飞行行为将被依法追究责任。

(5) 技术瓶颈多

无人机技术仍处于发展期，飞行控制技术、导航技术和传感器技术等均有待增强，尤其在各民用领域中的应用仍有待深入拓展。如何按照不同应用领域的行业需求进行软硬件功能开发，充分发挥无人机遥感数据获取、数据处理与分析的能力，是当前无人机技术在民用领域亟待解决的科学问题。

思考题

1. 什么是无人机？其广义和狭义的范畴有何不同？
2. 什么是无人机系统？无人机系统一般包括哪些部分？
3. 什么是无人机遥感？
4. 常见的无人机分类依据有哪些？
5. 按空机质量，可将无人机分为哪些类型？
6. 电动无人机和油动无人机的主要区别？

7. 常见的多旋翼无人机主要由哪些硬件构成?
8. 简述无人机技术的优缺点。

参考文献

符长青,曹兵,李睿堃. 无人机系统设计[M]. 北京:清华大学出版社,2019.
符长青,曹兵. 多旋翼无人机技术基础[M]. 北京:清华大学出版社,2016.
贾海瀛,陈健德,关山. 无人机技术与应用[M]. 北京:电子工业出版社,2020.
贾玉红. 无人机系统概论[M]. 北京:北京航空航天大学出版社,2020.
廖小罕,肖青,张颢. 无人机遥感:大众化与拓展应用发展趋势[J]. 遥感学报,2019,23(6): 1046-1052.
廖小罕,周成虎. 轻小型无人机遥感发展报告[M]. 北京:科学出版社,2020.
鲁储生,张富建,邹仁,等. 无人机组装与调试[M]. 北京:清华大学出版社,2019.
宋建堂. 无人机法律法规与安全飞行[M]. 北京:机械工业出版社,2019.
王锋,张立丰,祁圣君. 大中型无人机飞行品质概念浅析[J]. 飞行力学,2019,37(4):8-11,16.
谢辉. 无人机应用基础[M]. 西安:西北工业大学出版社,2018.
于坤林,施德江,许为. 无人机技术基础与技能训练[M]. 北京:机械工业出版社,2020.
张胜逊,戴伟军. 无人机综合应用[M]. 武汉:华中科技大学出版社,2020.
钟伟雄,韦凤,邹仁,等. 无人机概论[M]. 北京:清华大学出版社,2019.
朱圣洁. 无人机驾驶基础及应用[M]. 北京:机械工业出版社,2019.
LUDENO G, CATAPANO I, RENGA A, et al. Assessment of a micro-UAV system for microwave tomography radar imaging [J]. Remote Sensing of Environment, 2018, 212: 90-102.

第 2 章

民用无人机的法律监管

随着无人机技术的快速推广应用,在利用无人机从事森林资源调查、森林火情和病虫害监测、林业执法等工作过程中,由于林业无人机操作员不能像有人驾驶航空器的飞行员一样经历严格的法律法规培训和具备专业的安全飞行知识基础,可能出现违反法律法规甚至危害公共安全的事件。局部地区的监管缺失、飞行计划申报流程烦琐等实际情况,导致当前无人机"黑飞"问题较为严重,出现了一系列安全隐患。为了规范无人机飞行及相关活动,保障各项飞行管理工作安全开展,林业工作在使用无人机时必须遵守国家和地方法律法规的相关约束;同时,规范林业无人机的硬件管理和操作人员的管理是十分必要的。本节引用的法律法规条文以 2021 年 12 月 31 日之前发布实行为准。

2.1 民用无人机相关法律法规体系

目前,我国已经建立了比较完备的民航法律法规体系,涉及航空活动的管理制度、航空器的国籍登记和权利、航空器的适航管理、航空器的运行规则和飞行规则、机场建设和运行、航空器驾驶人员的训练、考核与管理、航空器的空中交通管理、公共交通运输管理、通用航空管理、搜寻救援与事故调查、民航安全保卫、航线管理、进出国境、民用航空市场的开放等多个方面(宋建堂,2019)。上述规定同样适用于民用无人机。

纵观我国民用航空的法律法规体系,总体上可以分为法律、行政法规和民航规章 3 个层面(孙明权,2018);此外,中国民用航空局(简称"民航局",CAAC)先后制定了一系列标准和规范性文件。

2.1.1 法律

为了维护国家的领空主权和民用航空权利,保障民用航空活动安全和有秩序地进行,保护民用航空活动当事人各方的合法权益,促进民用航空事业的发展,全国人大常委会于 1995 年审议通过了《中华人民共和国民用航空法》(简称"民用航空法"),后于 2018 年 12 月 29 日进行了第 5 次修正。民用无人机在《民用航空法》中虽未作专门规定,但关于民用航空器的规定同样适用于民用无人机。

2.1.2 行政法规

国务院发布或授权民航局发布的民用航空行政法规共43部,其中主要行政法规包括:

1987年《民用航空器适航管理条例》(1997年修订);

1996年《民用航空安全保卫条例》(2011年修订);

1997年《民用航空器国籍登记条例》(2020年12月修订);

1997年《民用航空器权利登记条例》;

2001年《军用机场净空规定》;

2001年《飞行基本规则》(2007年修订);

2003年《通用航空飞行管制条例》;

2009年《民用机场管理条例》(2019年3月修订)等。

上述行政法规同样适用于民用无人机。

2.1.3 民航规章

目前,民航局发布的民航规章共266部。在上述有效的民航规章中,有关"行政规定""航空器""航空人员""空域交通管理""一般运行规则""运行合格审定""学校及经审定合格的其他部门""民用机场建设与管理""综合调控规则""航空运输规则""航空安全保卫"和"航空安全信息与事故调查"等内容适用于民用无人机。

2.1.4 其他标准和规范性文件

除上述法律、行政法规和民航规章外,民航局及其他管理部门先后制定了有关民用无人机的规范性文件,主要包括:

2014年3月,中国民用航空局《低空空域使用管理规定(试行)》;

2015年4月,工业和信息化部《关于无人驾驶航空器系统频率使用事宜的通知》;

2015年12月,中国民用航空局《轻小无人机运行规定(试行)》;

2016年5月,国务院《关于促进通用航空业发展的指导意见》;

2016年5月,农业农村部《关于开展农用植保无人飞机专项统计工作的通知》;

2016年9月,中国民用航空局《民用无人驾驶航空器系统空中交通管理办法》;

2017年5月,中国民用航空局《民用无人驾驶航空器实名制登记管理规定》;

2018年1月,中国民用航空局《无人驾驶航空器飞行管理暂行条例》;

2018年6月,中国民用航空局《民用无人机驾驶航空器从事经营性飞行活动管理办法(暂行)》;

2019年1月,交通运输部《交通运输部关于修改〈一般运行和飞行规则〉的决定》;

2019年1月,交通运输部《交通运输部关于修改〈民用航空器驾驶员合格审定规则〉的决定》;

2019年4月,中国民用航空局《无管制机场飞行运行规则》;

2020年10月,中国民用航空局《民用航空安全保卫事件信息管理规定》;

2020年11月,中国民用航空局《低空飞行服务体系飞行动态数据传输规范(试行)》;

2021年9月，国家标准化委员会《无人驾驶航空器系统标准体系建设指南（2021年版）》等。

2.2 无人机空域管理

为了避免民用无人机飞行对重点目标如民航机场、军事重地、政府重要机关、重要科研机构、重大基础设施、危险品生产存储地和人流密集地等的潜在影响和威胁，我国许多地区分别设定了无人机禁飞管制区，且在不断发展之中（闫少琨，2018）。不同地区对于无人机限飞/禁飞的规则各异。民用无人机在以下重点目标区域应特别注意遵守法律法规，获得管理部门许可后方可运行（彭子又，2016；王亚琼等，2018）：

①政府机构上空；
②军事单位上空，如军分区、武警、武装部等；
③民用/军用机场净空区；
④具有战略地位的设施上空，如具有战略防卫性质的大坝、大型水库、核电站、水电站、火箭发射场和航天基地等；
⑤监狱、看守所、拘留所和戒毒所等监管场所上空；
⑥火车站、汽车站广场等人流密集的场所上空；
⑦危险物品工厂、仓库等所上空；
⑧政府执法现场；
⑨大型群众性活动。

空域是航空器运行的活动场所，又称"空气空间"，是地球表面被大气层笼罩的空间，由航空管制部门按照飞行管制区域划分。为了规范无人机的运行秩序，保证空域的合理使用，保证无人机及其他航空器的运行安全，有必要对无人机运行的空间进行规范管理（宋建堂，2019）。

2.2.1 无人机空域的划分

无人机空域指专门分配给无人机运行的空域，其划设内容包括高度空间、水平范围、进出空域的方法、使用空域的时间和飞行活动性质等（高国柱，2017）。目前，民用无人机的运行高度空间规划为 0~1000 m，水平范围根据需要划分为管制空域、报告空域、监视空域、目视飞行航线、融合空域和隔离空域。

①管制空域。指重点目标外围 5 km 区域、以民航机场跑道为中心的跑道两端各 25 km 区域和跑道两侧各 10 km 的区域。在管制空域内，民用无人机需获得批准并持有执照方可允许运行。

②报告空域。指通用机场和临时起降点 10 km 区域，且不得划设在空中禁区边缘外 20 km 范围内和全国重点目标外缘 10 km 范围内。在报告空域内，民用无人机必须事先报备飞行计划，驾驶员必须持有执照方可允许运行。

③监视空域。指位于管制空域和报告空域之外的空域。

④目视飞行航线。指无人机处于驾驶员目视视距半径 500 m，相对高度低于 120 m 的

范围。

⑤融合空域。指有其他航空器同时运行的空域。

⑥隔离空域。指专门分配给无人机运行的空域,通过限制其他航空器的进入以规避碰撞风险。

由于无人机的可靠性、防撞规避和自主飞行等能力远未达到有人航空器的适航性要求,因而无人机使用空域的申请较为困难,协调时间长、手续复杂(林泉等,2018)。当前无人机空域的申请与使用须遵循民航局《民用无人机空中交通管理办法》(2009年)、民航局《低空空域使用管理规定(试行)》(2014年)、民航局《轻小无人机运行规定(试行)》(2015年)等规定性文件的要求(章玄等,2017)。

2.2.2 无人机空域的申请及评估

为了加强对民用无人机飞行活动的管理,规范其空中交通管理工作,依据《民用航空法》《飞行基本规则》《通用航空飞行管制条例》和《民用航空空中交通管理规则》,民航局于2016年颁布了《民用无人驾驶航空器系统空中交通管理办法》。民用无人机仅允许在隔离空域内运行,由组织单位和个人负责实施,并对其安全负责。在民用无人机空域范围内开展民用无人机飞行活动,须满足以下全部条件:

①机场净空保护区以外;

②民用无人机最大起飞重量小于或等于7 kg;

③在视距内飞行,且天气条件不影响持续可见无人机;

④在昼间飞行;

⑤飞行速度不大于120 km/h;

⑥民用无人机符合适航管理相关要求;

⑦驾驶员符合相关资质要求;

⑧飞行前,驾驶员完成对民用无人机系统的检查;

⑨不得对飞行活动以外的其他方面造成影响,包括地面人员、设施、环境安全和社会治安等;

⑩运营人应确保其飞行活动持续符合以上条件。

民用无人机在满足上述条件外,同时应通过地区管理局的评估以满足空域运行安全的要求。评估包括的主要内容如下:

①民用无人机系统情况,包括民用无人机系统基本情况、国籍登记、适航证件(特殊适航证、标准适航证和特许飞行证等)、无线电台及使用频率情况;

②驾驶员、观测员的基本信息和执照情况;

③民用无人机系统运营人基本信息;

④民用无人机的飞行性能,包括飞行速度、典型和最大爬升率、典型和最大下降率、典型和最大转弯率、其他有关性能数据(如风、结冰、降水限制)、无人机最大续航能力、起飞和着陆要求;

⑤民用无人机系统活动计划,包括飞行活动类型或目的、飞行规则(目视或仪表飞行)、操控方式(视距内或超视距,无线电视距内或超无线电视距等)、预定的飞行日期、

起飞地点、降落地点、巡航速度、巡航高度、飞行路线和空域、飞行时间和次数；

⑥空管保障措施，包括使用空域范围和时间、管制程序、间隔要求、协调通报程序和应急预案等；

⑦民用无人机系统的通信、导航和监视设备和能力，包括民用无人机系统驾驶员与空管单位通信的设备和性能、民用无人机系统的指挥与控制链路及其性能参数和覆盖范围、驾驶员和观测员之间的通信设备和性能、民用无人机系统导航和监视设备及性能；

⑧民用无人机系统的感知与避让能力；

⑨民用无人机系统故障时的紧急程序，特别是与空管单位的通信故障、指挥与控制链路故障、驾驶员与观测员之间的通信故障等情况；

⑩遥控站的数量和位置以及遥控站之间的移交程序；

⑪其他有关任务、噪声、安保、业载和保险等方面的情况；

⑫其他风险管控措施。

2.2.3 无人机隔离空域的划设

民用无人机飞行应当为其单独划设隔离空域，明确水平范围、垂直范围和使用时段。隔离空域由空管单位会同运营人划设。划设隔离空域应综合考虑民用无人机的通信导航监视能力、航空器性能和应急程序等因素，并符合如下要求：

①隔离空域边界原则上距其他航空器空域边界的水平距离不小于 10 km；

②隔离空域上下限距其他航空器使用空域的垂直距离 8400 m(含)以下不得小于 600 m，8400 m 以上不得小于 1200 m。

为了防止民用无人机和其他航空器活动相互穿越隔离空域边界，提高民用无人机运行的安全性，需要采取如下安全措施：

①驾驶员应当持续监视民用无人机的飞行；

②当驾驶员发现民用无人机脱离隔离空域时，应向相关空管单位通报；

③空管单位发现民用无人机脱离隔离空域时，应当防止与其他航空器发生冲突，通知运营人采取相关措施，并向相关管制单位通报；

④空管单位应当同时向民用无人机和隔离空域附近运行的其他航空器提供服务；

⑤在空管单位和民用无人机系统驾驶员之间应当建立可靠的通信；

⑥空管单位应为民用无人机指挥与控制链路失效、民用无人机避让侵入的航空器等紧急事项设置相应的应急工作程序。

2.3 无人机运行管理

无人机运行管理是指无人机交付使用后，空管及相关部门对运行的无人机进行的管理。其主要作用是规范民用无人机的运行，并对无人机操作人员的资格进行审核。我国民用无人机运行管理的依据主要是民航局 2015 年发布的《轻小无人机运行规定(试行)》。

2.3.1 民用无人机运行原则

为了规范民用无人机的运行活动，保证民用航空活动的安全有序，在民用无人机运行时，应遵循的原则包括如下方面(问延安等，2019；刘冠邦等，2018)：

①民用无人机应当依法从事工业、农业、林业、渔业、矿业、建筑业的作业飞行和医疗卫生、抢险救灾、气象探测、海洋检测、科学实验、遥感测绘、教育训练、文化体育、旅游观光等方面的飞行活动。

②民用无人机活动及其空中交通管理应当遵守相关法律、法规和规定，包括《民用航空法》《飞行基本规则》《通用航空飞行管制条例》及民航局规范性文件。

③组织实施民用无人机活动的单位和个人应当按照《通用航空飞行管制条例》等规定申请划设和使用隔离空域，接受飞行活动管理和空中交通服务，保证飞行安全。

④为了避免对运输航空飞行安全的影响，未经当地管理部门批准，禁止在民用运输机场飞行空域内从事无人机飞行活动。申请划设民航无人机临时空域时，应当避免与其他载人民用航空器在同一空域内飞行。

⑤由于无人机飞行过程中无执行任务机长，为了保证飞行安全，由无人机操控人员承担规定的机长权利和责任，并应当在飞行计划申请时明确无人机操控人员。

⑥组织实施民用无人机活动的单位或个人应当具备监控或者掌握其无人机飞行动态的手段，同时在飞行活动过程中与相关管制单位建立可靠的通信联系，及时通报情况，接受空中交通管制。发生无人机飞行活动不正常情况，并且可能影响飞行安全和公共安全时，组织实施民用无人机活动的单位或个人应当立刻向相关管制单位报告。

⑦在临时飞行空域内进行的民用无人机飞行活动，由从事民用无人机飞行活动的单位、个人负责组织实施，并对其安全负责。

⑧民用无人机活动中使用的无线电频率、无线电设备应当遵守国家无线电管理法规和规定，且不得对航空无线电频率造成有害干扰。民用无人机遥控系统不得使用航空无线电频率。在民用无人机上设置无线电设备，使用航空无线电频率的，应当向民用航空局无线电管理委员会办公室提出申请。

⑨未经批准，不得在民用无人机上发射语音广播通信信号。

⑩使用民用无人机应当遵守国家有关部门发布的无线电管制命令。

2.3.2 民用无人机运行适用范围

①可在视距内或视距外操作的、空机重量不大于 116 kg、起飞全重不大于 150 kg 的无人机，校正空速不超过 100 km/h 的无人机运行时应遵循无人机运行管理规定。

②对于植保类无人机，其起飞全重不超过 5700 kg，距受药面高度不超过 15 m 的，其运行必须遵循无人机运行管理规定。

③对于充气体积在 4600 m³ 以下的民用无人飞艇，其运行必须遵循无人机运行管理规定。

④对于空机重量和起飞重量在 0~1.5 kg 的无人机，其持有者进行实名登记，运行时能保证安全，对他人造不成伤害，不必遵循无人机运行管理规定。

⑤对于无线电操作的航空模型，正常情况下不需遵循无人机运行管理规定。若模型使用了自动驾驶仪、指令与控制数据链路或者飞行设备，则必须遵循无人机运行管理规定。

⑥对于室内、拦网内等隔离空间中运行的无人机，不需遵循无人机运行管理规定，但

必须保证采取措施确保人员安全。

2.3.3 民用无人机运行管理分类

民用无人机因其质量、飞行速度、飞行高度和用途等存在较大差异,不同类别的民用无人机采取不同的监管等级。按重量划分的民用无人机运行管理分类标准见表2-1。

表2-1 民用无人机运行管理分类标准

分类等级	空机重量(kg)	起飞全重(kg)
Ⅰ	0<W≤0.25	
Ⅱ	0.25<W≤4	1.5<W≤7
Ⅲ	4<W≤15	7<W≤25
Ⅳ	15<W≤116	25<W≤150
Ⅴ	植保类无人机	
Ⅵ	116<W≤5700	150<W≤5700
Ⅶ	W>5700	

在下列情况下,民用无人机驾驶员自行负责,无须获得驾驶员执照:
①在室内运行的民用无人机;
②Ⅰ、Ⅱ类无人机(如运行需要,驾驶员可在无人机云交换系统进行备案,备案内容应包括驾驶员真实身份信息、所使用的无人机型号,并通过在线法规测试);
③在人烟稀少、空旷的非人口稠密区进行试验的民用无人机。

在隔离空域和融合空域运行的除Ⅰ、Ⅱ类以外的无人机由民航局管理:
①操纵视距内运行无人机的驾驶员,应持有具备相应类别、分类等级的视距内等级驾驶员执照;
②操纵超视距运行无人机的驾驶员,应持有具备相应类别、分类等级的有效超视距等级的驾驶员执照;
③担任操纵植保无人机系统并负责无人机系统运行和安全的驾驶员,应持有具备Ⅴ类等级的驾驶员执照,或经农业等部门规定的由符合资质要求的植保无人机生产企业自主负责的植保无人机操作人员培训考核。

2.3.4 民用无人机运行管理方式

(1) 电子围栏

所谓无人机电子围栏,并非真实的围栏,而是一种虚拟的电子围栏。它是一种配合无人机飞行控制系统的软硬件系统,通过在相应电子地理范围中划定特定区域,限制或阻挡即将侵入特定区域的无人机。采用预先植入限制区域的地理位置坐标,通过坐标比对,输出控制信号操控无人机不进入限制区域。对于Ⅲ、Ⅳ、Ⅵ、Ⅶ类无人机应安装并使用电子围栏;对于在重点地区和机场净空区以下运行的Ⅱ、Ⅴ类无人机应安装并使用电子围栏。

(2) 无人机云系统

简称"无人机云",是指轻小民用无人机运行动态数据库系统,用于向无人机用户提供航行服务和气象服务等,是对民用无人机运行数据(包括运营信息、位置、高度和速度等)统计分析等功能的智能化管控平台。我国主要的无人机云系统包括 U-Cloud、U-care、飞云、北斗云和无忧云等(宋建堂,2019)。无人机云系统作为低空空域的民用无人机飞行管理的动态大数据云系统,可以管控大量的无人机群体飞行数据,一定程度上可以解决"空中监管难"的问题。

(3) 实名登记

实名登记是对无人机进行有效管理、确保运行秩序、保证对无人机进行有效监控的重要方式。民航局于 2017 年 5 月发布了《民用无人驾驶航空器实名制登记管理规定》,要求重量在 250 g(含)以上的无人机必须在"无人机实名登记系统"(网址 http://uas.caac.gov.cn)进行实名登记。

2.4 民用无人机人员管理

2.4.1 民用无人机人员分类

民用无人机人员主要指与无人机运行有关的各类人员,包括拥有无人机的运营人、操控无人机的驾驶员和机长、协助操控无人机的观测员等。

①无人机运营人。指从事或拟从事无人机运营的个人、组织或企业,其工作主要是利用拥有的无人机进行作业,对无人机拥有所有权,对无人机运行人员拥有人事管辖权。

②无人机驾驶员(视距内等级驾驶员)。是具体负责操控无人机的人员,对无人机的运行负有必不可少的责任。无人机驾驶员必须经过正规培训,具备相关理论知识和操作技能,持有中国航空器拥有者及驾驶员协会(Aircraft Owners and Pilots Association of China,AOPA)颁发的驾驶员执照。

③无人机机长(超视距等级驾驶员)。指由运营人指派在系统运行时间内负责整个无人机系统运行和安全的驾驶员。机长除具备驾驶员必须具备的理论知识和操控技能外,还必须具备一定的飞行经历。

④无人机观测员。指由运营人指定的训练有素的人员,通过目视观测无人机,协助无人机驾驶员安全实施飞行,通常由运营人管理,无证照要求。

2.4.2 民用无人机人员管理方式

我国对无人机人员的管理方式分为自行管理、局方管理和行业协会管理 3 种方式。

①自行管理。指无人机运行人员在无须证照管理的情况下,自己作出决定,完成无人机的运行工作。如在室内运行无人机;运行Ⅰ、Ⅱ类无人机;在人烟稀少、空旷的非人口稠密区进行试验的无人机。

②局方管理。局方指民航局,局方管理指根据无人机运行的空域和其运行性质,对无人机驾驶员实施的证照管理。自 2018 年 9 月 1 日起,民航局授权中国航空器拥有者及驾驶员协会颁发的现行有效的无人机驾驶员合格证自动转换为民航局颁发的无人机驾驶员电子执照。

③行业协会管理。我国的无人机驾驶员管理工作由民航局授权的中国航空器拥有者及

驾驶员协会负责对无人机驾驶人员实施培训、考核、合格证与执照发放、合格证与执照管理审核，同时民航局对行业协会实施监督。中国航空器拥有者及驾驶员协会是中国(含香港、澳门、台湾地区)在国际航空器拥有者及驾驶员协会(IAOPA)的唯一合法代表，是以全国航空器拥有者、驾驶员为主体的自愿结成的全国性、行业性社会团体。行业协会管理的主要范围包括：在隔离空域内运行的除Ⅰ、Ⅱ类无人机以外的无人机运行人员，在融合空域内运行的Ⅲ、Ⅳ、Ⅴ、Ⅵ、Ⅶ类无人机运行人员。

2.4.3 无人机驾驶资格的获取

无人机驾驶员执照是我国无人机运行的合法资质。民航局飞行标准司于2018年颁布了《民用无人机驾驶员管理规定》，对无人机及其系统驾驶员实施指导性管理。

无人机驾驶员执照按驾驶员等级分为视距内等级、超视距等级和教员等级共3类；按无人机类别分为固定翼、直升机、多旋翼、垂直起降固定翼、自转旋翼机、飞艇和其他共7类。无人机驾驶执照的考试包括理论考试和实践考试两部分。理论考试由民航局认可的监考员主持，考试时间与地点定期于民航局无人机驾驶员执照管理平台网站公布。学员完成并通过理论考试后，方可继续参加实践考试。全部完成并通过理论考试和实践考试，由民航局颁发对应无人机类别和级别等级的驾驶员执照。

有关无人机驾驶员执照的考试规定和颁发条件可具体参考《民用无人机驾驶员管理规定》，在此不再赘述。

2.4.4 无人机人员的法律责任

无人机人员的法律责任是行为人员由于违法行为、违规行为或违反法律规定而应承受的法律后果，主要包括行政责任、民事责任和刑事责任。

①行政责任。指因违反行政法规定或因行政法规定而应承担的法律责任。无人机人员在无人机运行过程中由于违反相关管理制度，要接受空管部门、地方政府管理部门以及证照管理部门的行政处分，并承担相应的行政责任。

②民事责任。指民事主体对于自己因违反合同，不履行其他民事义务，或者侵害国家、集体的财产，侵害他人的人身财产、人身权利所引起的法律后果，依法应承担的民事责任。

③刑事责任。指行为人因其犯罪行为所必须承受的，由司法机关代表国家所确定的否定性法律后果。

为进一步规范民航公安机关的行政执法工作，依法打击危害民航运输安全与秩序的各类违法犯罪行为，针对非法无人机飞行，我国已出台了相关的处罚办法，并且处罚办法在不断完善之中。

2017年1月，公安部发布了《治安管理处罚法(修订公开征求意见稿)》，其中第46条增加规定："违反国家规定，在低空飞行无人机、动力伞等通用航空器、航空运动器材的，处5日以上10日以下拘留；情节较重的，处10日以上15日以下拘留。"

2018年1月，民航局公安局修订印发了《民航公安行政处罚裁量基准》，提出了如下3种违规飞行无人机的违法情形和处罚基准：

①以下情形处5日以上10日以下拘留,可以并处500元以下罚款:在民用机场范围内和机场净空保护区域内,违规飞行无人机的;在警卫活动现场进行违规飞行的;出现坠地事故,造成人员伤害、财产损失,扰乱单位秩序或者公共场所秩序的。

②以下情形处10日以上15日以下拘留,并处500元以上1000元以下罚款:未按《民用无人机驾驶员管理规定》取得资质,从事无人机飞行活动的;大型活动期间,在民用机场范围内和机场净空保护区域内,违规飞行无人机的。

③有涉嫌犯罪的情形,及时立案侦查:非法飞行无人机,可能危及飞行安全的;在国家机关工作人员、人民警察依法执行职务,开展无人机管理活动中,采用暴力、胁迫方法妨碍其依法执行职务的。

图 2-1　定向信号干扰器

同时,相关监管部门在一些重点目标区域部署了无人机探测和干扰系统,从技术源头防止无人机对敏感空域的入侵;在一些重点禁飞区配备了一定的反无人机技术手段,主要有以下3种形式:信号干扰阻断(图2-1)、利用武器直接摧毁和通过劫持无线电管制方式的监控控制。

思考题

1. 我国民用无人机空域划分为哪几类?
2. 简述我国民用无人机空域的申请及评估过程。
3. 简述行业无人机运行应遵循的原则。
4. 简述按重量划分的民用无人机运行管理分类标准。
5. 我国民用无人机的运行管理方式包括哪些?
6. 简述我国无人机人员的管理方式。
7. 我国无人机驾驶员执照分为哪些类型?
8. 无人机驾驶人员的法律责任包括哪些方面?

参考文献

高国柱. 中国民用无人机监管制度研究[J]. 北京航空航天大学学报(社会科学版), 2017, 30(5): 28-36.

林泉, 刘娜. 我国民用无人机的立法规制[J]. 中国民航飞行学院学报, 2018, 29(3): 58-62.

刘冠邦, 张昕, 秦望龙, 等. 民用无人机空中飞行监管系统建设构想[J]. 指挥信息系统与技术, 2018, 9(3): 23-27.

彭子乂. 我国低空空域开放管理法律制度研究[D]. 海口: 海南大学, 2016.

宋建堂. 无人机法律法规与安全飞行[M]. 北京: 机械工业出版社, 2019.

孙明权. 无人机飞行安全及法律法规[M]. 西安: 西北工业大学出版社, 2018.

王亚琼, 王晓丹. 无人机立法的新趋势——比较法视野的展望[J]. 南京航空航天大学学报(社会科学版),2018,20(2):64-70.

问延安,方长征. 我国民用无人机监管:现状、问题与对策[J]. 内蒙古农业大学学报(社会科学版),2019,21(1):52-57.

闫少琨. 无人机运行安全风险评价[D]. 天津:中国民航大学,2018.

章玄,罗明. 关于民用无人机空域管理的研究[J]. 科技资讯,2017,15(30):135-136,138.

第 3 章

多旋翼无人机操控与维护技术

多旋翼无人机以其购置成本低、灵活机动性强、操作简单等优势，在林业领域的应用范围广泛，市场占有率超过 80%。目前，诸多林业生产单位已普遍购置了四旋翼、六旋翼或八旋翼无人机。使用多旋翼无人机需要首先掌握其操控技术和日常维护方法，以充分发挥无人机技术在林业领域的重要作用，克服传统技术手段的弊端，降低成本，提高效率和精度。进入 21 世纪，随着国家和地区针对民用无人机使用监管规则的不断完善，林业领域无人机的使用必将趋于规范化，林业工作者通过相关培训掌握多旋翼无人机的操控与维护技术，能够避免因操作不当而产生的损失。本章针对林业多旋翼无人机的主要用途，简单介绍基本的多旋翼无人机操控与维护技术，旨在为林业工作者提供入门的、针对性的操作练习指导。

3.1 多旋翼无人机飞行前准备

在开始飞行前，操作员应当：①了解任务执行区域的气象条件；②确定任务执行区域满足多旋翼无人机飞行的必要条件；③检查无人机各组件情况、电池或燃油储备、通信链路信号等满足运行的要求；④对于无人机云系统的用户，应确认系统是否接入无人机云，并制定出现紧急情况的处置预案，预案中应包括紧急备降地点等内容。主要的准备工作可分为以下 4 个部分。

3.1.1 起降场地的选取

首先，无人机的飞行区域必须绝对安全。国家和地区对空域的开放是有限的。对于常规的作业飞行，根据无人机的起降方式，寻找合适的起降场地，应重点考虑以下几方面内容(戴凤智等，2018)：

①距离军用、商用机场必须在 10 km 以上(以当地机场净空区为准)。

②飞行区域尽量选择郊区野外或农村野外，方圆数百米内无任何交通要道、居住地或组织活动地等，起降场地应相对平坦、通视良好。

③远离人口密集区，半径 200 m 范围内不能有高压线、移动信号站、军/民用雷达站、高大建筑物或重要设施等，避免意外坠机导致的严重后果。

④周围环境尽量以草坪或松软土质地块为主，地面应平坦，无明显凸起的岩石块、土

坎、树桩或树木，周围无湖泊、小河流、积水区域或线路等。

⑤周边无正在使用的雷达站、微波中继站或无线通信塔等信号干扰源，在不能确定的情况下，应测试信号强度和频率，以避免产生对遥控飞行的影响。

⑥采用滑跑起飞、滑行降落的固定翼无人机，滑跑路面条件应满足其性能指标要求。

⑦尽量在晴天、风小的天气条件下飞行。

对于应急作业飞行，比如灾害调查或救援等临时性、突发性应急性质的航摄作业，在保证飞行安全的前提下，对起降场地的要求可以适当放宽。

在现地选择无人机起降场地时，主要考虑5个因素：场地的朝向、长度、宽度、平整度和周围障碍物（车敏等，2018）。不同种类和型号的无人机对上述因素的要求各异。多旋翼无人机因其采用垂直起降的方式，选择空旷场地即可。飞行前，应对目的地进行实地勘察，对场地进行适度清整，如清除较大石块、树枝和杂物，填平坑洼，必要时用石灰粉或者其他划线工具在地面标记位置等。

3.1.2 气象条件对无人机的影响及气象信息获取

(1) 气象条件对无人机的影响

气象条件对无人机飞行与安全的影响较大，是限制飞行的主要因素之一。多旋翼无人机飞行前，应尽可能获取风速、风向、气温、气压和云雨雷电等气象要素的实时信息。

①风及其影响。风的种类有顺风、逆风、侧风、阵风、风切变、下沉气流、上升气流和湍流等。风向、风力对多旋翼无人机的飞行均会产生直接影响。风向指风的来向，风速是用风级表示风的强度，风力越大风级越强。多旋翼无人机的起降、飞行高度、飞行路径和续航时间等均需考虑风的影响。由于风力和风向的存在，会让原本笔直的飞行路线变得蜿蜒曲折、上下颠簸，最终导致航测影像的几何畸变。随着技术的不断进步，目前多数多旋翼无人机已具备飞行姿态和方向的自动稳定控制系统，但风的影响仍不容忽视，尤其会对摄影测量数据的准确性造成较大影响。在风力较大时，建议适当增加摄影测量的影像重叠率，并降低飞行高度以保证测量的准确性。

②气温及其影响。气温过高或者过低均可能对多旋翼无人机电子设备的正常运行产生影响，气温对无人机飞行的影响主要表现在以下方面：

a. 温度影响聚合物锂电池的放电。大多数锂电池的适宜工作温度为 0~40 ℃。低于 0 ℃，随温度降低，锂电池的放电能力急剧下降；高于 40 ℃，锂电池的放电能力虽有所上升，但散热问题严重，可能引发安全问题。在某些特殊条件下（如高原、严冬）使用，需要采用锂电池预加热措施。

b. 存储温度影响锂电池的电量。当存储温度在 40~60 ℃ 时，随着存放时间的延长，锂电池电量下降速度加快。

c. 高温影响电机的散热。小微型无人机多使用风冷方式控制温度，风冷对主板和锂电池的温度调节能力有限。当气温高于 35 ℃ 时，应该注意适当减少作业飞行时间，避免主板和锂电池过热。

③气压及其影响。气压是大气压力的简称，大气压力是大气层中的物体受大气层自身重力产生的作用于物体上的压力。多旋翼无人机螺旋桨旋转获得的升力，与大气的密度、

大气压力有关。多旋翼无人机使用气压计确定高度,多采用的是飞机高度与地面海拔差值计算而得,并将密度不同的空气阻力情况反馈给飞行控制系统,调整电机转速,控制多旋翼无人机达到和维持预定速度,操作多旋翼无人机的上升和下降。飞行过程中区域气压的强烈变化会对标定飞行高度造成影响,特别是在多旋翼无人机的回收阶段,标定高度错误可能会造成严重后果。在山地或水面等复杂环境中,气压计因受升降气流影响误差较大,操作员需要通过地面站实时予以关注。在高海拔、空气稀薄的环境中,多旋翼无人机需要预设更长的返航距离,并在现场确定避开山林、输电线路等障碍物,近地面勘察使用的多旋翼无人机,处于对流层的下层,地形地貌、水面沙丘等不同的下垫面会造成乱流较多,需要时刻关注多旋翼无人机的作业飞行状态。

④云雨雷电及其影响。积雨云(图3-1)多伴随骤雨、冰雹或强风,易发生雷电,所有飞行器均应避开积雨云,躲开强劲的气旋,以免导致失控。云和弥漫的大雾会影响操作员的视线,令遥感影像模糊不清,无法还原被拍摄地表或物体的状况。冬季,云层通常较低,操作员需要关注航空天气预报,依据最低云层高度做好安全防范。尽管一些多旋翼无人机的结构拥有一定的封闭性和防水性,可以抵御小雨,但多数多旋翼无人机在饱和

图 3-1 积雨云

水汽的浓云或雾中甚至雨中飞行,机身内的水可能引起电路短路,导致事故发生。所以,在温度骤变、雨雾或低云天气时,多旋翼无人机应停止作业飞行。

(2) 气象信息获取

气象信息可以通过专用仪器或工具进行实时采集,也可通过观察、询问或上网查询获得。如下简要介绍风、温度、湿度和能见度信息的获取方法。

①风。风速,即空气流动的快慢,在气象学中特指单位时间内空气在水平方向移动的水平距离,可以用风速仪测出,分12级(表3-1)。风速大于4级时不适宜无人机的安全飞行。风向,即风吹来的方向,可以用风向标或体感目测观察风吹来的方向,分为东风、南风、西风、北风、东南风、西南风、东北风和西北风共8个方向。

表 3-1 风速分级

风级	风速(m/s)	名称	参照物现象
0	0.0~0.2	无风	烟直上
1	0.3~1.5	软风	树叶微动,烟偏,能看出方向
2	1.6~3.3	轻风	树叶微响,人面感觉有风
3	3.4~5.4	微风	树叶和细枝摇动不息,旗能展开
4	5.5~7.9	和风	能吹起灰尘、纸片,小树枝摇动
5	8.0~10.7	清风	有时小树摇摆,内陆水面有小波纹
6	10.8~13.8	强风	大树枝摇动,电线呼呼响,举伞困难
7	13.9~17.1	疾风	全树动,大树枝弯,迎风步行困难
8	17.2~20.7	大风	树枝折断,迎风步行阻力很大

(续)

风级	风速(m/s)	名称	参照物现象
9	20.8~24.4	烈风	平房屋顶受损
10	24.5~28.4	狂风	可将树木拔起,建筑物毁坏
11	28.5~32.6	暴风	陆地少见,摧毁力巨大,造成重大损失
12	>32.6	飓风	陆地绝少,摧毁力极大

②温度和湿度。可用温度/湿度计进行测量。

③能见度。气象能见度指视力正常的人在白天当时的天气条件下,用肉眼观察,能够从天空背景中看到和辨认的目标物的最大水平距离。测量能见度一般用目测的方法,还可以使用大气透射仪、激光能见度自动测量仪等专业测量仪器测量。

无论飞行器的大小和类型,均要遵守同样的物理法则,面对同样的天气约束。多旋翼无人机飞行前需要获取气象信息,以便于及时根据不同的天气情况作出适时调整,明确各类天气情况的处置方式,采取措施时有据可依。多旋翼无人机操作员需要具备一定的飞行气象知识,提升对气象因素的敏感度,在飞行过程中及时处理各类突发情况。

3.1.3 设备状态的准备

每次飞行前,须仔细检查设备的状态是否正常。检查工作应按照检查清单逐项进行,对直接影响飞行安全的无人机动力系统、电气系统及机体等应重点检查,以确认飞行器、地面站及链路工作状态是否能够正常完成飞行任务。

3.1.3.1 动力系统检查

(1) 无刷电机的检查

电机即马达,分为有刷和无刷两种,在多旋翼无人机中,无刷电机占主流(图3-2)。电机一般是成对出现的,且相邻电机应安装正桨和反桨,用以中和扭矩。无刷电机检查的步骤和方法包括:首先用手指拨动桨叶,转动无刷电机,应无转子碰擦定子的声音;将无刷电机的电缆连接到控制器上;将无刷电机控制器接电,遥控器最后接电;轻轻拨动加速杆,螺旋桨旋转并逐渐升速;加速杆拨回零位,螺旋桨旋转停止;无刷电机控制器断电,遥控器最后断电(符长青等,2019)。

(2) 电源的检查

多旋翼无人机所用的电源主要为聚合物锂电池,它是在锂离子电池的基础上经过改进而成的一种新型电池,具有容量大、质量轻、内阻小、输出功率大等特点。锂电池的存放应注意远离热源、避免光照,并定期对锂电池进行电压测试,当电压低于下限时,必须及时进行充电。执行飞行前,须检查锂电池电量是否能够支持完成正常飞行任务(于坤林等,2016)。

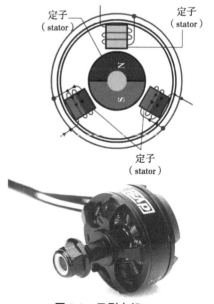

图 3-2 无刷电机

3.1.3.2 电控系统检查

(1) 电控系统电源检查

由于机载电控设备种类较多,用快接插头式数字电压表进行电压测量,具体操作方法如下:首先将无人机舱门打开,露出自驾仪、舵机和电源等器件,准备一个带快接插头的数字电压表;测量各种电压,包括控制电源、驱动电源和机载任务电源等,将数字电压表的快接插头连接到上述各电源快接插头上,读取数字电压表数值,并记录数字电压表数值;连接各电源;从地面站仪表上观察陀螺仪姿态、各个电压数值、卫星信号数量、空速值和高度值是否正常;测试自动/手动开关的切换功能,切换至自动驾驶模式时,测试飞控姿态控制是否正确,测试后用遥控器切换至手动模式,此时关闭遥控器应进入自动驾驶模式;停止运转检查时,应先启动发动机,然后再停止,在地面站仪表上观察转速表的读数是否为零(钟伟雄等,2019)。

(2) 电控系统运行检查

在飞行前,必须对多旋翼无人机电控系统的运行状态进行检查,具体操作方法如下:首先,将要进行检查的无人机平放于空地上,打开地面站、遥控器和所有机载设备的电源,运行地面站监控软件,检查设计数据,向机载飞行控制系统发送设计数据并检查上传数据的正确性,检查地面站和机载设备的工作状态,检查飞行控制系统的设置参数,各检查项目见表3-2(鲁储生等,2018)。

表 3-2 电控系统检查清单

检查项目	检查内容
地面站设备	地面站设备运行是否正常
设计数据	检查设计数据是否正确,包括调取的底图、航路点数据是否符合航摄区域;飞行航线是否闭合;航路点相对起飞点的飞行高度、单架次航线总长度、航路点(重点是起降点)的制式航线,以及曝光模式定点、定时等;曝光控制数据的设置
数据传输系统	地面站至机载飞行控制系统的数据传输、指令发送是否正常
信号干扰情况	机载设备工作状态是否正常,有无被其他信号干扰现象
遥控器	记录遥控器的频率,所有发射通道的设置是否正确
遥控器	遥控器的控制距离是否正常
遥控器	遥控和自主飞行控制切换是否正常
静态情况下的飞控系统	从系统开机到GPS定位的时间应在1 min左右,如果超过5 min仍不能定位,应检查GPS天线连接或者其他干扰情况;定位后卫星数量一般不应少6颗(平坦开阔地形条件)
静态情况下的飞控系统	如果飞机安装了转速传感器,用手转动发动机,观察地面站飞控系统是否有转速显示;检查转速分频设置是否正确
静态情况下的飞控系统	检查加速度计数据的变化情况
静态情况下的飞控系统	变化飞机的高度,高度计显示值应随之变化
机体振动状态下飞控系统的调试	启动发动机,在不同转速下观察传感器数据的变化情况,所有变化均必须在很小的范围内,否则改进减震措施
机体振动状态下飞控系统的调试	所有接插件接插是否牢靠,特别是电源

(续)

检查项目	检查内容
数据发送与回传	将设计数据从地面站上传至机载飞控系统并回传，检查上传数据的完整性；回传上传目标航路点，检查回传显示是否正确；上传航路点的制式航线，检查回传显示是否正确
控制指令响应	检查手动/自动操控，关闭遥控器，切换到 UAV 模式是否正常
	发送相机拍摄指令，相机响应是否正常
	发送高度置零指令，高度数据显示是否正确

3.1.3.3 机体检查

多旋翼无人机的机体是飞行的载体，承载着任务设备、飞控设备和动力设备等，是飞行的基础。多旋翼无人机的机体检查项目包括如下内容：

(1) 螺旋桨检查

多旋翼无人机安装的螺旋桨均为不可变总距的螺旋桨，主要指标有螺距和尺寸。桨的代码包含 4 位数字，前 2 位代表桨的直径（单位：in*），后 2 位代表桨的螺距。多旋翼无人机为了抵消螺旋桨的自旋，相邻的桨旋转方向是不一样的，即正桨和反桨。顺时针旋转的为正桨，逆时针旋转的为反桨。安装时，正桨和反桨的安装位置必须正确。飞行前在未安装螺旋桨时，应首先测试飞控是否进入正确状态，接收机失控保护是否正确运转。飞控是否进入失控保护状态进而触发返航，均建立在接收机失控信号稳定输出至飞控基础之上。

(2) 地面站检查

地面站具有对自驾仪各种参数、舵机及电源进行监视和控制的功能，飞行前必须对其进行检查。首先根据任务需求安装地面站软件，以较为常用的大疆 DJI Go 4 和 DJI GS Pro 为例（图 3-3、图 3-4）；将地面站设备放于工作台上，打开地面站的电源，逐项检查地面站设备的连接情况，各检查项目见表 3-3。

图 3-3 **DJI Go 4 软件界面**

注：* in（英寸），1 in = 2.54 cm。

图 3-4　DJI GS Pro 软件界面

表 3-3　地面站检查清单

检查项目	检查内容
线缆与接口	检查线缆无破损，接插件无水（霜、尘、锈），针（孔）无变形、无短路
监控站主机	放置应稳固，接插件连接牢固
监控站天线	数据传输天线应完好，架设稳固，接插件连接牢固
监控站电源	正负极连接正确，记录电压数值

(3) 任务设备检查

以可见光相机为例，任务设备检查项目见表 3-4（石磊等，2019）。

表 3-4　任务设备检查清单（以可见光相机为例）

检查项目	检查内容
镜头	镜头焦距须与技术设计要求相同，镜头表面应洁净
对焦	根据任务需求设置为手动/自动对焦
快门速度	根据天气条件和机体振动情况设置
光圈大小	根据天气条件设置
拍摄控制	根据任务需求设置为单张/多张拍摄模式
感光度	根据天气条件设置
影像品质	根据任务需求设置
影像风格	根据任务需求设置，包括锐度、反差、饱和度和白平衡等
日期和时间	日期、时间应正确
试拍	连接电池和存储设备，对远处目标试拍数张，检查影像是否正常
电量	检查电量是否充足
存储设备	根据任务需求检查存储卡容量是否满足

3.1.4 飞行航线准备

航线规划是指在综合考虑无人机的飞行特性、能源消耗及规划空间障碍、威胁等因素的前提下，根据飞行任务的具体需求，为无人机规划出从起点到终点的最优或者次优飞行轨迹（图 3-5），需要考虑地形、气象等环境因素以及平台自身的飞行性能（刘含海，2020）。进行航线规划需要将多种技术相结合，如现代飞行控制技术、数字地图技术、优化技术、导航技术及多传感器数据融合技术等。

(1) 航线规划的步骤

①全面了解本次飞行任务，包括已部署的航线、飞行参数和动作要求等。

②给出航线规划的任务区域，确定地形信息、威胁源分布的状况以及无人机的性能参数等限制条件。

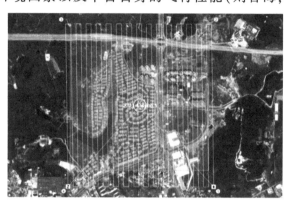

图 3-5 航线自动规划

③对航线进行优化，满足无人机的飞行高度、飞行速度等约束条件。

④在电子地图上设计并确定整个飞行航线。

(2) 航线的控制

当无人机装载设定航线后，飞行控制系统使其自动按预定航线飞行。主要的工作过程包括：在无线信道畅通的条件下，由 GPS 实时提供经度、纬度和高度信息，结合遥测数据链提供的飞机高度，将其与预定航线比较，得出无人机相对航线的偏差；再由飞行控制系统计算无人机靠近航线飞行的控制量，并将控制量发送给无人机的自动驾驶系统；控制无人机按航线偏差减小的方向飞行，逐渐靠近航线，最终实现无人机按预定航线自动飞行，从而完成预定飞行任务（孙毅，2014）。

(3) 航线的修正

在任务区域内执行飞行任务时，无人机是按照预先指定的任务要求执行一条参考航线，根据需要适时调整和修正参考航线。由于在执行任务阶段对参考航线的调整只是局部的，因此在地面准备阶段进行的参考航线规划对于提高无人机执行任务的效率至关重要，其中航线威胁源的避让是必须考虑的因素。无人机处于高空、高速的飞行状态，可以将地形环境中高度的因素简单化考虑，即将三维的工作环境变成二维环境，这样有助于航线规划。但若遇地形复杂的情况，航线规划就变成了一项复杂工作，要考虑引入地形跟随算法，实现低空航线规划，需要根据实际情况确定。将空间高度高于无人机最大飞行高度的山脉、林木、输电线路、天气状况恶劣的区域均标示为障碍区，等同于威胁源，用威胁源中心加上威胁半径来表示。在进行无人机航线规划时要避开上述区域，具体步骤和方法包括：①指定起始点和目标终点；②通过任务规划，指定作业区域，用经纬度表示；③给出作业无人机的作用范围，用半径为 R 的圆表示；④给出威胁源的模型，用威胁半径为 R' 的圆表示（何华国，2017）。

威胁源及其威胁等级作为衡量航线路径选择的一个标准,使无人机在不同威胁源的情况下选择不同的航线。由于最安全的和最短的航线之间存在矛盾,因此在考虑安全性的同时还应考虑航线长度对能源的消耗问题,二者结合考虑以获得最佳的航线规划结果。

3.2 多旋翼无人机的起飞与降落

多旋翼无人机的起飞与降落是飞行过程中首要的操作,虽然简单但不能忽视其重要性。多旋翼无人机一般依靠3个或以上的旋翼提供向上的升力以抵消重力,进而产生向上的爬升力,可实现在空中悬停和垂直起降。以四旋翼无人机为例,图3-6为四旋翼无人机沿各方向运动的受力分析。

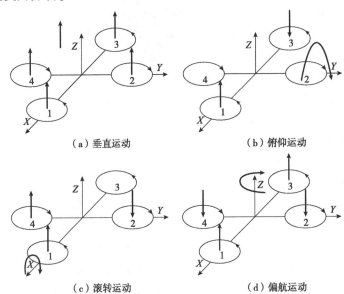

图 3-6 四旋翼无人机的运动受力分析

3.2.1 起飞

多旋翼无人机起飞时,飞行控制系统令电调加大电流输出,转速增加,每个旋翼上的升力大小相等,合力大于重力,使多旋翼无人机起飞或上升。

多旋翼无人机起飞操作的主要步骤和方法包括:远离飞行器,解锁飞控,缓慢推动油门等待飞行器起飞。推动油门时一定要缓慢,这样可以防止由于油门过大而无法稳定控制飞行器。在飞行器起飞后,不能保持油门不变,而是待飞行器达到一定高度(一般是离地约1~2 m后)开始降低油门,并不停地调整油门大小,使飞行器在一定的高度范围内徘徊。油门稍大可使飞行器上升,油门稍小可使飞行器下降。

起飞过程主要是油门杆的操作。练习上升操作时,缓慢推动油门,此时飞行器慢慢上升,油门推动越多(不要把油门推动到最高或接近最高),上升速度越快。在上升达到一定高度或者上升速度达到可控操作的限度时应停止推动油门。若要停止上升,必须降低油门(注意不要降低得过猛,保持匀速即可)直至飞行器停止上升。

3.2.2 降落

多旋翼无人机需要降落时，飞行控制系统令电调降低电流输出，旋翼转速减小，合力小于重力，使多旋翼无人机降落。

降落时，需要注意的操作步骤和方法包括：降低油门，使飞行器缓慢靠近地面，离地约 5~10 cm 处时稍微推动油门，降低下降速度，然后再次降低油门直至飞行器触地（触地后不得再推动油门），油门降到最低，锁定飞控。相对于起飞来说，降落是一个更为复杂的过程，需要反复练习。

降落过程是飞行器的下降过程，下降过程同上升过程正好相反。下降时，螺旋桨的转速降低，飞行器会因缺乏升力开始降低高度。在开始练习下降操作前，应确保飞行器已经飞行器已经达到了足够高度。在飞起稳定悬停时，开始缓慢下拉油门，但应注意不能将油门拉得过低。在飞行器有较为明显的下降动作时，停止下拉油门。这时飞行器仍会继续下降。同时，注意不要使飞行器过于接近地面。在到达一定高度时开始推动油门迫使飞行器下降速度减慢，直至飞行器停止下降。这时会出现与上升操作类似的状况，飞行器开始上升，需要降低油门保持现有高度。经过反复几次操作后飞行器才会保持稳定。在此过程中如果下降高度太多，或者快要接近地面，但是飞行器还无法停止下降，需要加快推动油门的速度（操作员需自行考量合适的速度）。需要注意察看飞行器的姿态，若过于偏斜，则不可加速推动油门。飞行器的下降略不同于上升过程。因为上升时需要的是螺旋桨的转速提供升力，而且在户外，一般没有上升的限制，下降则不同，螺旋桨提供的升力成了辅助用力，下降过程主要依靠重力作用。所以下降更难以操作，需要多加练习才可以较好掌握。

在起飞和降落的操作中，还需要注意保证飞行器的稳定，飞行器的摆动幅度不可过大，否则降落或起飞时，有打坏螺旋桨的可能。

3.3 悬停与方向控制

当多旋翼产生的升力等于其自重时，无人机可以在空中悬停。悬停的状态是保持无人机的高度不变，不出现前进、后退和左右摇摆。无人机悬停的操作包括以下 3 方面内容：①操作无人机平台正前方朝向不同方向时的悬停；②以所需最小动力起飞和着陆，最大性能起飞和着陆；③模拟单个动力轴动力失效时的应急操纵程序。

在多旋翼无人机的飞行操作中，因初学者对机头方向的判断常常出现错误，导致操作员不能准确控制飞行方向，这是学习多旋翼无人机飞行操作的重点和难点。以下分别介绍多旋翼无人机不同悬停状态(图 3-7)及方向控制的具体操作步骤，供初学者练习参考。

(1) 四位悬停

主要操作步骤：①操作无人机以对尾姿态起飞，以对尾姿态悬停；②将无人机逆时针方向平稳旋转 90°，得左侧位姿态悬停；③继续逆时针方向平稳旋转 90°，得对头姿态悬停；④继续逆时针方向平稳旋转 90°，得右侧位姿态悬停；⑤继续逆时针方向平稳旋转 90°，得对尾姿态悬停，即完成四位悬停过程。

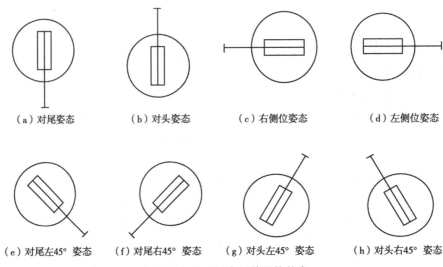

(a) 对尾姿态　　(b) 对头姿态　　(c) 右侧位姿态　　(d) 左侧位姿态

(e) 对尾左45°姿态　(f) 对尾右45°姿态　(g) 对头左45°姿态　(h) 对头右45°姿态

图 3-7　多旋翼无人机的悬停状态

(2) 八位悬停

主要操作步骤：①操作无人机以对尾姿态起飞，以对尾姿态悬停；②将无人机逆时针方向平稳旋转 45°，得对尾左 45°姿态悬停；③继续逆时针方向平稳旋转 45°，得左侧位姿态悬停；④继续逆时针方向平稳旋转 45°，得对头左 45°姿态悬停；⑤继续逆时针方向平稳旋转 45°，得对头姿态悬停；⑥继续逆时针方向平稳旋转 45°，得对头右 45°姿态悬停；⑦继续逆时针方向平稳旋转 45°，得右侧位姿态悬停；⑧继续逆时针方向平稳旋转 45°，得对尾右 45°姿态悬停；⑨继续逆时针方向平稳旋转 45°，无人机重新回到对尾姿态悬停，至此完成八位悬停过程。

(3) 左半圆对尾 45°姿态悬停

主要操作步骤：①操作无人机保持对尾姿态悬停；②在无人机位置保持不变的情况下，向左操作方向舵，逆时针慢速旋转 45°；③无人机转至对尾 45°姿态；④在保持位置不变的情况下，向右操作方向舵，顺时针慢速旋转 45°；⑤无人机转至对尾姿态。

(4) 左半圆对左侧位悬停

主要操作步骤：①操作无人机对尾 45°姿态；②在无人机位置保持不变的情况下，向左操作方向舵，逆时针慢速旋转 45°；③无人机转至左侧位姿态；④在保持位置不变的情况下，向右操作方向舵，顺时针慢速旋转 45°；⑤无人机转至对尾 45°姿态。

(5) 左半圆对头 45°姿态悬停

主要操作步骤：①保持无人机对头悬停；②在无人机位置保持不变的情况下，向右操作方向舵，原地慢速旋转 45°；③无人机转至对头 45°姿态；④在保持位置不变的情况下，向左操作方向舵，原地慢速旋转 45°；⑤无人机转至左侧位。

(6) 右半圆对头 45°姿态悬停

主要操作步骤：①保持无人机对头姿态；②向左操作方向舵，按逆时针方向旋转至对头 45°姿态；③对头 45°姿态悬停。无人机在对头姿态悬停的基础上，按逆时针旋转 45°到对头 45°姿态，旋转过程中感受无人机的偏移和修正方式。

(7) 右半圆右侧位悬停

主要操作步骤：①保持无人机对头右 45°姿态；②向左操作方向舵，按逆时针方向旋转至右侧位；③保持右侧位悬停。在无人机转向侧位时，可以暂时扭转身体。采用这种方法，能使操作员的身体顺向无人机的飞行方向，避免出现左右混淆的问题。

(8) 右半圆对尾 45°姿态悬停

主要操作步骤：①操作无人机在对尾姿态按顺时针方向旋转到右半圆对尾 45°姿态悬停；②反复操作无人机进行 45°旋转。

3.4 多旋翼无人机的运行

(1) 视距内运行

视距内运行(visual line of sight operations，VLSO)是指在规定范围内，操作员与无人机保持直接目视视觉接触的操作方式，规定范围为目视视距半径不大于 500 m，人、机相对高度低于 120 m。

有关视距内运行的主要步骤和方法可参考相关指导(车敏等，2018；杨苡等，2018；戴凤智等，2018)，在此不再赘述。视距内运行时需要注意：必须在操作员视距范围内飞行；必须在昼间飞行；必须将航线优先权让与其他航空器。

(2) 超视距运行

超视距运行(beyond visual line of sight operations，BVLSO)是指无人机在目视视距以外运行。超视距运行时应当遵循以下原则：

①必须将航线优先权让与有人驾驶航空器。

②当飞行操作危害到空域的其他使用者、地面人身财产安全或不能按照要求继续飞行时，应当立即停止飞行。

③操作员应当能够随时控制无人机。对于使用自主模式的无人机，操作员必须能够随时控制。出现无人机失控的情况时，操作员应及时执行相应预案，包括：无人机应急回收程序；对于接入无人机云的用户，应在系统内上报相关情况；对于未接入无人机云的用户，联系相关空管服务部门，上报遵照以上程序的相关责任人名单。为了减少事故，超视距飞行时强烈建议关闭电压保护功能。

3.5 多旋翼无人机的航线飞行

(1) 航线规划

航线规划分为手动单点编辑和利用 APP 软件自动生成扫描航线两种方式。无论哪种方式均需要首先建立航点，操作流程为："地图"→"航线工具"→"地图工具选择"→"航线设计"→"确认"。

(2) 生成航线

①生成航点。在地面站系统界面手动选取预期地点(四至)生成航点。

②上传航线。完成航线规划后，操作流程："地图"→"航线工具"→"上传航线"。

③验证航线。对上传的航线进行验证。当飞行控制系统存储的航线和地面站系统的航线一致时,表示航线检查无误,否则需要重新上传。

(3) 航线飞行

①自动飞行。无人机自动按航线飞行,不需要操作员操作摇杆。

②半自动飞行。无人机按照航线飞行,需要操作员操作摇杆以辅助控制。

(4) 退出航线

在遥控器上拨动开关退出自动航线飞行,或在地面站系统操作退出航线飞行。注意:航线飞行时应关注航线内有无障碍物影响飞行安全,检查无人机的飞行速度、横移间隔设置是否合理。

(5) 实践飞行练习

①侧位匀速直线飞行。主要操作步骤:选取2个与操作员平行、相距30 m的目标点;无人机保持右侧位悬停在左侧目标点;操作无人机匀速前飞至右目标点悬停;在2个目标点之间再加入2个目标点,重复上述操作,使无人机在中心点减速但不停止,练习升降舵的操作精准性;操作无人机向后退飞,重复上述操作。在练习时,每当飞过一个标志筒后,操作员眼睛就得观察下一个标志筒,并相应调整升降舵的幅度,确保在前进或后退过程中保持匀速飞行。

②圆周航线飞行。将圆周分成4个弧段(图3-8),逆时针或顺时针逐段飞行。主要操作步骤:操作无人机 $A \to B$ 段弧线航行,在 B 点保持对左姿态悬停,用升降舵和方向舵控制飞行速度和机头方向,到达 B 点悬停,且机头指向正确;按照上一步骤的操作,进行 $B \to C$、$C \to D$、$D \to A$ 弧段的飞行;按照同样的操作要求,进行右圆的飞行训练;重复以上3个步骤,使每段弧线的航线飞行更加精准。

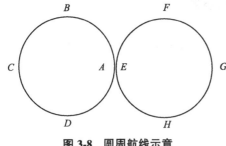

图 3-8 圆周航线示意

操作员在外场飞行训练时,会很自然地根据无人机的飞行状态被动地做出反应,即先见到错误而后决定下一步更正操作。因此,常出现修舵不及时、无人机漂移大等问题。正确的方法是:始终感受和判断无人机的运动趋势,在无人机发生目视可观察到的实际漂移之前,主动修舵以控制其飞行轨迹(杨苡等,2018)。

3.6 多旋翼无人机的应急操纵

(1) 飞行时电量不足

如飞行时发现电量不足应该尽快返航;如果返航途中遇到电量不足,应该先观察周围环境,边返航、边在环境允许的情况下降落,通过查看飞行记录查找无人机降落地点后,尽快找回无人机。任何情况下都应尽可能避开地面人员、车辆和建筑物等。

(2) 指南针受到干扰

当起飞前遇到指南针受到干扰时,应对无人机进行指南针校准(图3-9)。飞行过程中遇到指南针受到干扰时,无人机为减少干扰将自动切换至姿态模式,飞行时可能出现漂移现象,此时应该避免慌乱操作,保持无人机稳定离开干扰区域并尽快降落到安全地点。任何情况下都应尽可能避开地面人员、车辆和建筑物等。

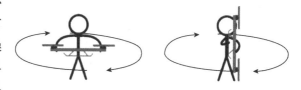

图 3-9　常规无人机指南针校准示意

(3) GPS 信号受到干扰或遮挡

当 GPS 信号受到干扰或遮挡时,无人机将自动切换至姿态模式或视觉定位模式,此时应避免慌乱操作,轻微调整摇杆保持无人机稳定飞行,尽快离开干扰或遮挡区域,必要时尽快降落到安全地点。任何情况下都应尽可能避开地面人员、车辆和建筑物等。

(4) 遥控器信号中断

当遇遥控器信号中断时,不要在此时慌乱打杆,先应查看状态指示,确认是遥控器信号中断还是图传信号中断。许多智能无人机可事先设置遥控器信号中断后的行为模式,具体如下:

①返航模式。当无人机与遥控器信号中断时,无人机会根据起飞点位置智能自动返航,此时在原地等待无人机返航,并调整遥控器天线,观察信号是否能尽快连接。

②继续任务模式。信号中断时,无人机依靠惯性导航系统继续向指定任务点飞行,惯性导航的误差具有累积效应,其作用的时间越长,误差累计越大,这种情况下,需要考虑下一个飞行点的距离远近程度。

③降落模式。信号中断时,无人机自动原地降落。对于高性能多旋翼无人机,建议设置前 2 种应急模式。应时刻牢记安全第一的原则,任何情况下都应尽可能避开地面人员、车辆和建筑物等。

(5) App 闪退和移动设备连接中断

此时不要慌乱打杆控制无人机,先查看遥控器是否与无人机连接中断,如果遥控器状态指示为连接未中断,此时可重新打开 App,查看图传信号是否能够恢复正常,如未恢复,则可通过遥控器触发无人机返航。

(6) 飞行中遭遇大风或恶劣天气

大风或恶劣天气时不要起飞;如在飞行途中遭遇大风或恶劣天气,应尽快降低飞行高度,必要时选择安全地点降落后再前往找回无人机。

(7) 无人机迫降甚至失控

尽量选择在空旷的、有草地或者不高于 2 m 的灌丛等地方迫降,以减少损失;同时,要选对参照系以便于无人机的找回。

3.7　多旋翼无人机的保养与维护

(1) 例行保养

每次飞行任务结束后,应及时彻底地进行检查排故,以确保无人机后续的飞行安全。在日常使用过程中,根据无人机的使用频繁程度,每月或每季度需要进行一次全面保养。

保养内容如下(奥斯汀等,2013):

①对电机、飞控等灰尘敏感部件进行灰尘清理,及时清除、清扫干净。对机身的上板、下板及机臂进行清洁,检查起落架紧固部件,检查机臂裂痕处理,检查机臂折叠件(机臂螺栓、圆柱销、扳手连杆),检查螺栓的紧固力度,检查电机座体裂纹和变形程度。

②对无人机主体内部进行除尘处理,清洁轴承,必要时做上油处理。

③检查 GPS 支架是否松动,如有松动则及时进行紧固处理;对 GPS 方向及粘接进行检查并处理隐患问题。

④对机体内部插头接线逐一检查处理。电机与电调接线及焊接部分检查处理;电机磨损、虚位检查处理;电机内部腐蚀情况及内部除尘处理;机身内部防水硅胶检查处理。

⑤电源电压的检查。无人机飞行后的电量检查,包括机载电源和遥控器电源电压及剩余电量的检查。

⑥检查电池体积是否有明显变化,并对锂电池进行保养。需要了解锂电池满电、保存电压、放电截止电压、过放电电压,对于 25C 以上的高放电倍数电池尽可能随用随充,不在满电的情况下存放过长时间;如果是 1C 的电池充电,对于 16 000 mAh 电池的充电电流为 16 A,2C 的电池充电,充电电流为 32 A。放电至单节电池的电压为 3.6~3.7 V 时停止放电,飞行时总电压 2.0 V 开始返航降落。放电完毕后或 1~2 d 未用的满电电池需使用充电器的维护功能,将电池放电至单节电压 3.85 V 左右;对于一个月未使用的电池,需进行至少一个充放电循环(从 3.8 V 充电至 4.2 V,再放电至 3.85 V)的处理;养成记录电池内阻的习惯,当内阻明显增大时表示电池衰退,应缩短飞行时间。性能严重下降的电池应停止使用,并且放电至 3.0~3.85 V(降低内部能量)后进行回收处理。平时锂电池必须存放于专用锂电池保护箱内,长途运输电池时应将单节电池放电至 3.85 V。

⑦对遥控器进行清洁处理,外观和内部通道检查,接收机天线检查与处理,测试遥控器是否能够连接并正常使用;对外部电台进行清洁及连接检查。

⑧电子系统检查,检查内容包括:检查绝缘导线标记及导线表面质量与颜色是否符合相关要求;用放大镜检查芯线有无氧化、锈蚀和镀锡等不良现象,端头剥皮处是否整齐、有无划痕等;检查线路布设是否整齐、无缠绕;电线是否有变形,比如受热冷却后变为蛇形;整体线路包扎,电线以及接口固定等一定要牢固,如果有断裂松动应及时更换。

⑨螺旋桨固定情况检查。对所有类型的螺旋桨,检查桨毂附近的润滑油和油脂的泄露情况,检查整流罩以确保安全。

(2)长久不用时的保存

①电池尽量用平衡充放电或者充电至 3.8 V,然后放置于阴凉、干燥、密闭处保存。注意电池插口要防氧化,插头处注意干燥,有条件可做封装处理。

②飞控放置于密闭的袋子封存,注意插头处保持干燥。

③电机内部要进行除污、上油。

④桨叶用塑料纸、布或泡沫片间隔包裹,放于不易挤压、无日照区域。

⑤机架挂起,视材质进行保存。

此外,锂电池的前 3 次充电的正确方法和日常使用注意事项如下:前 3 次充电时无必要进行超长时间充电来激活锂电池，充电电路具有防过充功能；长时间放置未用，或者频繁即充即用一段时间后，应进行一次完全的充放电，之后电池就可以即用即充，只有在长时间使用后才需要进行再次完全充放电；如果长时间不用锂电池，建议充电至40%再进行放置，或者检查每片电芯的电压，3.75~3.85 V是最佳的保存电压。

锂电池的寿命主要体现在充放电周期方面，此周期是一个绝对概念，例如，上次使用了30%的电力，充满电，下次又使用了70%的电力，又充满电，即为1个充电周期。

(3) 各部件的维护

无人机属于精密器械，在使用、转运和存放的过程中应小心谨慎，掌握多旋翼无人机各部件的维护知识，对使用寿命和性能均非常重要，要避免因维护不当而造成的损失。

①机体清洁。作业期间必须每天清洁，非作业期间每周或每月清洁一次。主要对机身主体进行清洁，如螺旋桨、中心板、机臂和外接设备。清洁过程中注意观察螺旋桨的完整度、是否开裂等情况，检查固定螺丝是否有松脱现象。无人机的清洁应遵循以下原则：清洁无人机所用的清洗剂为维修手册指定的清洗剂，要注意清洗剂的使用浓度，以免造成部件腐蚀；无人机表面和废气通道用清水清洗，气温低于0 ℃时，使用无水溶剂清洁表面，用干布擦净；天气炎热时，在阴凉、通风处清洁无人机，减少无人机机体表面裂纹的出现；无人机清洁后应重新加润滑油，注意彻底清洗和干燥缝隙处与搭接处；清洁次数应适当，视飞行环境和无人机被污染的程度决定。

②螺旋桨固定情况检查。作业期间每天检查确认，非作业期间每周或每月检查确认。检查螺旋桨各个螺栓的状况，螺栓的固定情况，查看桨叶是否松动。

③电机晃动量。作业期间每天必须检查确认，非作业期间每周或每月检查确认。检查电机横向是否有晃动量，上下是否有松动。如晃动量较大或上下松动明显，应马上更换电机。

④电池。作业期间每天检查确认，非作业期间每周或每月检查确认。检查电池电线是否存在破损，电池是否有膨胀，电池电压是否正常。

⑤遥控器清洁、检查。作业期间每天清洁和检查，非作业期间每周或每月进行一次。遥控器在使用和存放时应注意防潮、防尘、防暴晒，可以使用风枪对遥控器进行清洁；检查遥控器的各个操纵杆、按键是否正常。

⑥线路检查。作业期间建议每周检查。检查线路是否存在破损、受腐蚀的状况。

⑦数据检查。在每次飞行前应对无人机的所有数据进行检查，要求所有数据处于正常值范围，并对需要校准的数据进行采集，保障回传数据正常。

3.8 多旋翼无人机模拟飞行

模拟飞行是通过计算机软件及外部硬件设备，对真实世界飞行中所遇到的各种元素，例如空气动力、气象、地理环境、飞行操控系统和飞行电子系统等，综合的在计算机中进行仿真模拟，并通过外部硬件设备进行飞行仿真操控和飞行感官回馈。多旋翼无人机的驾驶虽较固定翼无人机简单，但仍需要扎实的理论基础和充分的模拟练习才可进行飞行实践，以避免因操作不熟练而造成撞机等损失。为了给初学者提供一个视觉上可以达到虚拟仿真效果的练习场景，飞行模拟器应运而生。无人机飞行模拟器包括两部分：遥控器模拟器和模拟软件（图3-10）。凤凰模拟器是较为常用的品牌。在计算机中安装模拟软件，连接遥控器模拟器和计算机，经过动作参数校准设置后即可进行各类飞行的模拟。

（a）遥控器模拟器　　　　　　　　（b）模拟软件

图3-10　飞行模拟器

思考题

1. 多旋翼无人机在起飞前需要进行哪些准备工作？
2. 多旋翼无人机起降场地选取时应考虑哪些因素？
3. 哪些气象因子会对多旋翼无人机的飞行造成影响？
4. 多旋翼无人机在起飞前需要检查哪些设备的状态？
5. 简述多旋翼无人机起飞和降落的操作要点。
6. 多旋翼无人机的悬停状态包括哪些？
7. 若遇遥控器与无人机的连接信号中断，应如何处置？
8. 简述多旋翼无人机的例行保养内容。

参考文献

奥斯汀，陈自力，董海瑞，等. 无人机系统：设计、开发与应用[M]. 北京：国防工业出版社，2013.
车敏，拓明福，朱良谊. 无人机操作基础与实战[M]. 西安：西安电子科技大学出版社，2018.
戴凤智，王璇，马文飞. 四旋翼无人机的制作与飞行[M]. 北京：化学工业出版社，2018.
符长青，曹兵，李睿堃. 无人机系统设计[M]. 北京：清华大学出版社，2019.
何华国. 无人机飞行训练[M]. 北京：高等教育出版社，2017.
刘含海. 无人机航测技术与应用[M]. 北京：机械工业出版社，2020.
鲁储生，张富建，邹仁，等. 无人机组装与调试[M]. 北京：清华大学出版社，2018.
石磊，杨宇. 无人机组装、调试与维护[M]. 西安：西北工业大学出版社，2019.

孙毅. 无人机驾驶员航空知识手册[M]. 北京：中国民航出版社，2014.

杨苡，蔡志洲，戴长靖，等. 无人机理论与飞行培训——多旋翼[M]. 北京：高等教育出版社，2018.

于坤林，陈文贵. 无人机结构与系统[M]. 西安：西北工业大学出版社，2016.

钟伟雄，韦凤，邹仁，等. 无人机概论[M]. 北京：清华大学出版社，2019.

第 4 章

林业无人机航测技术

林区面积的辽阔性和森林资源的多样性决定了林业调查工作的艰巨性和复杂性。在林业遥感技术出现之前,森林资源调查以数学抽样方法结合地面调查为主,工作量大、成本高、耗时长。20 世纪 70 年代,基于航空相片的林业判读技术得到了发展和应用,在森林区划、优势树种判读和蓄积量估测方面进行了有益探索。20 世纪 80 年代,卫星遥感技术以其宏观、综合、可重复及低成本的特点,最早应用于森林资源调查领域。20 世纪 90 年代,随着各类星载遥感影像的空间分辨率、光谱分辨率不断提高,图像处理技术日趋完善,使林业遥感从定性走向定量,从静态估算发展为动态监测。进入 21 世纪,尤其是 2015 年以后,无人机遥感被广泛引入林业调查领域,在森林资源调查、动态变化分析、蓄积量/生物量估测、森林火灾和有害生物监测,以及林业生态工程监测等方面成为重要的技术手段。本章首先概述了无人机遥感在林业的应用领域,以应用最为广泛的光学成像传感器为例,介绍了林业无人机外业航测的技术方法,为林业生产单位使用无人机进行森林资源调查提供方法借鉴和参考。

4.1 林业无人机应用领域概述

4.1.1 森林资源调查

森林资源调查是以林地、林木以及森林范围内生长的动、植物资源及其环境条件为对象,根据林业和生态建设、生产经营管理、科学研究等的需要,采用相应的技术方法和标准,按照确定的时空尺度,在特定范围内对森林资源的分布、数量、质量以及相关的自然和社会经济条件等数据进行采集、统计、分析和评价工作的全过程。在我国,森林资源调查的种类(表 4-1)主要包括森林资源连续清查(简称一类清查,continuous forest inventory,CFI)、森林资源规划设计调查(简称二类调查,又称森林经理调查,forest management inventory,FMI)、作业设计调查(简称三类调查,forest operational inventory,FOI)。

传统的森林资源调查以地面调查为主。自 20 世纪 80 年代开始,"3S" 技术(remote sensing, RS; geographic information system, GIS; global positioning system, GPS)在森林资源调查领域得到广泛应用,提高了调查效率、减少了调查成本。然而,由于"同物异谱"和"同谱异物"现象的存在,导致"3S"技术在森林资源调查领域仍存在诸多技术瓶颈。

表 4-1 森林资源调查的种类及其特征

类别	调查目的	技术要求	调查单位	调查方法与周期
一类清查	编制中长期林业计划方针和政策	快速、定期、准确查清森林资源	全国、省、大区	系统抽样，固定样地，5年一次
二类调查	编制森林经营方案和总体设计	全面查清小班地块的森林资源	林业局、林场	目测、实测、抽样相结合，10年一次
三类调查	编制施工作业设计	准确详查作业地块的森林资源	林场的作业地段	实测与抽样结合，无固定周期

进入21世纪，林业无人机遥感的出现为森林资源信息的精准、快速测量提供了可能。无人机遥感技术具有智能化、自动化、机动灵活、成本低和效率高等优势。利用无人机平台搭载高分辨率相机、多光谱传感器、高光谱传感器、热红外传感器和激光雷达传感器等，可直接获取诸如地类、小班/宗地边界及面积、郁闭度/盖度、株数密度、平均高等信息，同时可间接估算平均胸径、优势树种、蓄积量/生物量等信息。

国内外林业领域利用无人机进行森林资源调查的工作主要包括对冠幅、株数、树高、胸径、蓄积量、生物量及地形(包括海拔、坡度、坡向和坡位等)等常用调查因子的估测。例如，孙钊等(2020)采用四旋翼无人机可见光影像为数据源，基于面向对象分类的方法，提取了杉木纯林的树冠参数，冠幅面积提取精度达82.9%，林分郁闭度的测量精度达97.3%；汪霖(2020)以无人机高分影像为基础数据，利用无人机自动拼接与建模构建了高分辨率遥感影像和三维点云，探讨了株数(估测精度89.7%)、树高(R^2为0.89)、胸径(树高-胸径回归模型的R^2为0.77)、生物量(R^2为0.76)等森林参数的无人机遥感估测方法；李祥(2019)采用无人机可见光影像进行了单木结构参数提取及生物量反演研究，生物量的平均提取精度达88.6%；Gini et al. (2014)利用无人机搭载近红外相机获取了意大利北部公园的多光谱高分辨率影像，采样非监督分类方法对灌木和不同树种进行了分类，分类精度达80%以上。

4.1.2 林地资源信息化管理

林地资源不仅是森林资源的重要组成部分，而且是森林资源经济活动得以正常进行的基本条件，是不可缺少和不能再生的生产要素。高效、准确地管理林地资源，离不开信息化手段。随着当今林地资源管理向信息化的快速转变，以实现林地资源管理的一体化、数字化及信息化为目标的林地资源管理工作显得尤为重要。近年来，国家林业和草原局开展了全国林地"一张图"的建设工作，其主要内容就是将已获取的高分辨率遥感影像、已有的一类清查数据、二类调查数据和其他林地相关资料，采用地理信息系统技术构建全国统一的森林资源数据库，建立一个新型的森林资源管理技术平台(黄国胜等，2018)，为林地资源管理的方针、政策制定提供数据基础和依据。

传统的林地资源管理方式难以满足现代林业发展的要求(许等平等，2018)。自进入21世纪至今，基于卫星遥感手段的林地资源监测技术广泛应用于林业生产实践中，较传统方法可更加直观、快速、准确地获得林地的数量、类型、面积和空间分布等信息，提高了工作效率。但卫星遥感数据存在一定弊端，如空间分辨率低、土地利用类型解译误差大、数据时效性不佳等。限于管理成本，林业生产单位极少采用价格高昂的航空遥感方式获取林地资源信息。

无人机遥感系统具有使用成本低、数据采集灵活、不受/少受云层影响、数据质量高等特点，弥补了传统航空遥感和卫星遥感影像数据的弊端。利用无人机遥感技术可以提供林地"一张图"数据库中所需的高空间分辨率影像数据和基础地理信息数据，真正实现了"天-地-空"数据的一体化。通过对无人机航测数据进行处理，可得到数字正射影像（digital orthophoto map，DOM）、数字表面模型（digital surface model，DSM）、数字高程模型（digital elevation model，DEM）、数字地形模型（digital terrain model，DTM）及加密三维点云等遥感数据，经过信息提取可绘制林地资源分布信息。利用无人机影像数据进行林地分类，可以提高分类结果的准确性；利用无人机影像进行各地类面积及森林覆盖率的估算，为林地资源调查和管理提供了可靠的技术支撑，可提供更加及时、准确的海量信息。

4.1.3 退耕还林（草）检查

退耕还林（草）是国家为改善西部生态环境而实施的一项范围广、周期长、工作量大的生态工程，目的是有计划地停止易造成水土流失的坡耕地的耕种行为，解决重点地区水土流失和土地沙化问题，主要包括坡耕地退耕还林和宜林荒山荒地造林。针对退耕还林（草）面积和效果的定期监测和检查是对国家退耕还林政策的落实情况和制定调整退耕还林政策的重要依据。退耕还林（草）检查是指上级主管部门定期或不定期对退耕还林（草）工程的监督检查。一般在秋季进行当年的工程验收检查，对退耕面积、退耕比例、核实合格率及苗木质量、施工质量、有害生物防治、退耕还林后的林地管护和效益评价等方面进行核查。对不合格的工程限期进行整改，并追究相关负责人员的责任。目前，退耕还林（草）检查主要包括县级自查、省级复查和国家核查3级检查方式，以实地调查为主。传统的检查方法耗时耗力，而且只有县级自检是全面检查，其他检查均采取抽查的方式进行，抽查比例一般在30%以下，难以保证检查质量。因此，如何保证退耕还林（草）检查的质量具有重要意义。

利用高空间分辨率卫星遥感影像结合实地调查进行退耕还林（草）检查的工作实践表明，该方法具有一定可行性，解决了仅能对小部分耕地进行检查的弊端，提高了检查的广度和精度。但高空间分辨率卫星遥感影像数据的价格较高，且时效性不强，限制了该方法的推广应用。利用无人机获取高空间分辨率的林地影像，具有灵活可靠、成本低、快速高效、实时获取等优点，可对退耕还林（草）检查区域进行实时数据获取，还可深入某些地形复杂的地区，使调查工作更高效、安全。结合相关软件，可对地类发生改变的区域重新进行区划和确认，相对于卫星影像数据，对耕地现状变化核查更为准确，提高了面积、株数、成活率等检查内容的精度，可为林业管理部门监测、规划、决策等提供重要依据。

4.1.4 森林督查

森林督查是国家林业和草原局于2018年在全国范围开展的一项森林资源监督检查工作。森林督查主要采用遥感技术结合人工判读、核查档案和现地验证核实等方法，识别林地用途改变和违法采伐的林地,目的在于及时发现、查处毁坏森林资源的违法行为,整改及恢复林地生产条件,提升保护管理森林资源的水平,遏制和预防森林资源破坏行为,建立一套完善的森林监督和执法机制,以及时掌握森林数量、质量和生长动态,推动生态文明建设。森林督查内容包括森林资源情况、林地管理情况和林木采伐管理情况等。

目前,遥感和移动 GIS 技术在森林督查方面已有广泛应用。陈强等(2018)利用森林督查期内的前后两期高空间分辨率卫星遥感影像,采用 eCognition 软件自动提取了征占用林地、采伐迹地和建设用地等信息,通过精度检验,验证了高分辨率卫星遥感影像在森林督查工作的适用性。由于卫星遥感数据的空间分辨率低、光谱信息少,同时需要开展大量的地面调查验证工作,在森林督查中至今缺乏一套高效、精准、成本低的技术方法。

林业无人机航测通过垂直拍摄或倾斜拍摄捕捉地面目标,在土地利用分类及动态变化检测方面具有更强的分辨能力,可以提高森林督察的精度,拓宽森林督查的广度。利用无人机航测可以实时获取林地现状,对用途改变的林地及违法毁坏林地资源的行为进行图像采集,可为详细记录违法改变林地用途等督查结果提供证据资料;可在较短时间内完成大面积林区的数据采集任务,节约了调查时间,提高了工作效率。

4.1.5 森林火灾监测

森林防火是林业管理部门的一项重要工作,其主要内容包括研究林火发生规律、森林火灾的预防巡护和扑救、森林火灾后的调查与评估等。传统的森林防火工作多采用护林员徒步巡护和车辆巡护检查等方式,需要耗费大量人力和经费,且存在较大不确定性,在森林环境和地形较复杂的地区难以取得良好的效果。

无人机航测技术在森林火灾的预防、监测和灾后评估等工作中具有巨大应用前景,其灵活性高、操作方便、成本低、可靠性强、实时通信等优势可为森林防火工作提高效率、扩大巡护范围、及时反馈林区状况。此外,无人机还可以近距离观察林区火势,准确掌握火灾发生的地点和蔓延速度,为快速准确地组织灭火方案提供重要辅助决策;同时,通过无人机航测获取的高空间分辨率影像可实现过火面积的准确提取和经济损失的精准评估。

无人机航测技术在森林防火中的应用虽然高效、灵活、安全,但其也存在诸多不足。无人机一般质量较轻,抗风能力弱;续航能力差,限制了大范围林区的巡护能力;林区地形和气象条件复杂,超视距运行的无人机遭遇风险的概率大;我国目前未制定消防无人机标准化规范,缺乏统一的性能指标要求(黄云鹏等,2018)。

4.1.6 森林有害生物监测

有害生物危害是森林的主要灾害之一。森林有害生物在破坏森林资源的同时,还造成了一定的经济损失,同时对生态环境产生严重影响。遥感技术的发展和应用已成为森林有害生物监测的一个新的发展方向和研究热点。无人机遥感技术根据受有害生物影响的森林植被反射光谱特征变化情况对森林有害生物进行判定和信息提取。健康的森林植被受到有害生物的侵袭,其内部含有的叶绿素逐渐流失,内部细胞状态会因此发生变化。借助植被光谱遥感可反演上述变化的具体参数,以此实现对森林植被受害情况的监测。利用无人机遥感实时监测森林有害生物的主要内容包括对森林失叶与林冠动态、森林植被指标(如生物量、郁闭度)、有害生物生境因子(如气候、水文、土质结构等)的实时、精准提取。

利用搭载多光谱或高光谱传感器的无人机获取目标林地的影像数据,采用多光谱影像差值法、植被指数法、"红边"光学参数法及参数制图法等,可实现无人机遥感实时监测森林有害生物。需要说明的是,基于无人机遥感的森林有害生物监测仍处于理论探索阶段。不同有害生物对植物的胁迫和水肥胁迫往往导致叶片枯黄、萎蔫等相似的外部形态特征,有时引起类似的光谱变化,而某些光谱变化特征在不同的胁迫类型中表现出显著差异性,如何区分"异物同谱""同物异谱"以及各种非森林有害生物的胁迫所引起的光谱变化,是实现大面积森林有害生物遥感监测的重点与难点(亓兴兰,2020)。综合采用光学遥感、热红外遥感、荧光、气象卫星数据,结合不同森林有害生物类型的发生发展规律特征,实现森林有害生物的精准识别和信息提取,提高森林有害生物监测预警的能力,仍需进一步探索和研究。

4.1.7 土壤资源调查

土壤资源调查是以土壤地理学理论为指导,对土壤剖面形态及其周围环境进行观察、描述记载和综合比较分析,是对一定地区的土壤类别及其成分因素进行实地勘查、描述、分类和制图的全过程,主要用于描述某一地区的土壤特征,根据相关标准进行土壤分类,得到土壤分布的空间数据。常见的土壤资源调查方法包括传统地面调查方法、航片/卫片调查方法等。传统地面调查方法主要依靠调查人员到达调查区域实地采样进行,工作量大、周期长、成本高。航片/卫片调查方法采用航片或卫片作为调查底图,首先在野外通过具有代表性的地物建立判读标志,其次在室内进行判读勾绘,最后通过野外实地抽样调查进行核实。该方法由于存在技术瓶颈,难以高精度识别土壤类型。

通过无人机获取的高空间分辨率影像数据,利用其颜色、纹理、形状、光谱等信息,对土壤类型进行判读和分类识别,采用目视解译或计算机自动分类方法可以提高判读结果的准确性。土壤的反射光谱特征与土壤理化性质存在密切联系。影响土壤反射光谱特性的理化性状主要包括土壤的含水量、有机质含量、氧化铁含量、机械组成和母质等。这些理化性状可以根据不同的土壤反射光谱特征确定。利用无人机搭载的高光谱传感器获取的影像数据可以作为调查土壤表面状况及其性质的空间信息数据源,还可用于土壤性质细微潜力的宏观定量评价工具。

4.1.8 水体环境质量监测

随着水资源污染问题越来越严重,水体环境监测受到高度重视。传统的水体环境监测方法多以现地水质采样抽查为主,工作效率低,采样工作存在安全隐患。自20世纪70年代至今,国内外学者已在水体环境质量的调查与监测手段、评价与分析过程、治理与恢复策略方面开展了广泛研究,但仍缺乏成熟的精确估算水质参数的遥感技术,在对水体环境状况的遥感反演、信息提取和主要养分状况的估测等方面至今未能取得理想成果。

随着对地物光谱特征研究的不断深入、算法的改进及无人机遥感传感器技术的不断进步,无人机遥感反演水质从定性发展到定量,通过无人机遥感可反演的水质参数种类逐渐增多(Cui et al.,2019)。包括悬浮物含量、叶绿素a浓度、水体透明度、溶解性有机质含量等在内的多项参数均可通过无人机遥感技术进行直接或间接估算(Gholizadeh et al., 2016)。利用更加灵活高效的无人机高光谱遥感技术实时监测水质将克服传统星载高光谱数据的不连续和不稳定性弊端。无人机高光谱遥感技术以其高光谱分辨能力、高时间采样频率和大范围同步成像等优势,为实现对宏观尺度水体环境状况的精确反演和养分状况的准确估算创造了可能。

与传统多光谱卫星遥感技术相比,无人机高光谱遥感技术可在一定程度上获得诸如水体富营养化、水体透明度、水体污染物等的反射光谱特征参数(Meyer et al., 2019)。需要指出的是,为了提高水体环境状况信息和理化参数的反演精度,需要寻找更为高效的光谱分析算法和信息提取技术;同时,如何从大量冗余波段信息中快速提取有用信息,以实现无人机高光谱遥感反演潜力的充分挖掘,将是今后需要深入研究的一个重要问题。未来,建立完善的无人机水体环境监测技术体系将具有重要意义。

4.2 无人机载光学成像相机

传感器是记录地物反射或者发射电磁波能量的装置,是无人机航测技术的核心部件。根据传感器类型的不同,可将无人机载传感器划分为可见光、中红外(mid-infrared,MIR)、热红外(thermal infrared,TIR)、多光谱(multispectral)、高光谱(hyperspectral)、激光雷达(light detection and ranging,LiDAR)、合成孔径雷达(synthetic aperture radar,SAR)等多种类型。受限于硬件和软件的开发水平及相关遥感数据分析技术,林业无人机载传感器以可见光、多光谱和高光谱等光学传感器为主。其中,可见光传感器在林业无人机中占90%以上。

随着数字摄影技术和数码相机的不断发展,适用于轻小型/微型无人机航测的光学载荷产品不断涌现。此类光学成像设备能获取较高质量的遥感影像数据。目前,林业无人机载光学成像相机的类型多样,常见的载荷成像传感器主要包括可见光相机、多光谱成像仪、高光谱成像仪和热红外成像仪等。无人机航测平台搭载的光学成像相机具备价格适中、体型小、重量轻、分辨率高等特点,不同的传感器可记录不同的电磁波反射信号,可以获取不同的波段信息,以弥补传统星载/机载影像的不足。

因不同类型的传感器在获取的数据类型、应用领域均存在较大差异,本节对可见光相机、多光谱成像仪和高光谱成像仪3种常见的传感器进行介绍和归纳(表4-2、表4-3)。

表4-2 光学传感器类型的优缺点

传感器类型	原始数据	应用范围	主要优势	局限性
可见光相机	二维图像,含3波段颜色信息(RGB)	森林资源调查、林火监测、自然资源测绘等	空间分辨率高、性价比高、数据处理技术相对成熟	光谱信息少
多光谱成像仪	二维图像,含少量离散波段信息	植被分类、植被状态参数估算等	能获取少量光谱信息,计算多种植被指数	"同物异谱""同谱异物"影响大
高光谱成像仪	二维图像,能获取数百个波段的光谱信息	森林类型/树种分类、植被理化参数反演等	光谱分辨率高、利于精确建模反演	数据量大、数据冗余度高、价格高

表 4-3　常见无人机载光学成像相机产品及其技术参数

品牌	传感器名称	波段数量	光谱分辨率(nm)	画幅尺寸	采集方式	重量(g)
Tetracam	ADC lite	3	—	2048×1536	卷帘	200
Tetracam	MCA12 Snap	12	—	1280×1024	全局	1300
Micasense	RedEdge	5	—	1280×960	全局	180
Parrot	Sequoia	5	—	1280×960	全局	135
BaySpec	OCI-UAV-1000	100	<5	2048	推扫	272
Brandywine Photonics	CHAI S-640	260	5	640×512	推扫	5000
Brandywine Photonics	CHAI V-640	256	5	640×512	推扫	480
Cubert GmbH	S185-FIREFLEYE SE	125	4	50×50	快拍	490
Cubert GmbH	Q285-FIREFLEYE QE	125	4	50×50	快拍	3000
Headwall Photonics	Nano HyperSpec	270	6	640	推扫	1200
Headwall Photonics	Micro Hyperspec VNIR	837	2.5	1004	推扫	3900
HySpex	VNIR-1024	108	5.4	1024	推扫	4000
HySpex	Mjolnir V-1240	200	3	1240	推扫	4200
SENOP	Rikola	380	<5	1010×1010	快拍	720
NovaSol	vis-NIR microHSI	180	3.3	680	推扫	<450
Resonon	Pika L	281	2.1	900	推扫	600
Resonon	Pika XC2	447	1.3	1600	推扫	2200
Resonon	Pika NIR	164	4.9	320	推扫	2700
Resonon	Pika NUV	196	2.3	1600	推扫	2100
SENOP	VIS-VNIR Snapshot	380	10	1010×1010	快拍	720
SPECIM	SPECIM FX10	224	5.5	1024	推扫	1260
Surface Optics	SOC710-GX	120	4.2	640	推扫	1250
XIMEA	MQ022HG-IM-LS150-VISNIR	150+	3	2048	推扫	300

4.2.1　可见光相机

可见光是电磁波谱中人眼可以感知的波段范围，波长介于380~760 nm(图4-1)，是无人机载高分辨率相机最常获取的波段。一般地，无人机载高分辨率相机类似于常用的数码相机，在红光(Red, 620~760nm)、绿光(Green, 500~560 nm)、蓝光(Blue, 430~470 nm)3个波段分别成像。人眼视网膜中有一层视杆细胞，此类细胞无色感，仅能感觉可见光能量的强弱；另一层为视锥细胞，又分为红视锥细胞、绿视锥细胞和蓝视锥细胞，因此，红、绿、蓝又称三原色。在进行彩色合成处理时，如果参与合成的3个波段的波长与对应的红、绿、蓝3种颜色的波长相同或近似，那么合成图像的颜色就近似于人眼看到的真实颜色，即真彩色合成。根据彩色合成原理，视锥细胞将红、绿、蓝按不同的比例混合，即形成了人类感知的其他色彩。

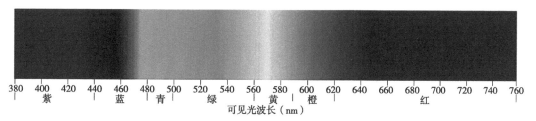

图 4-1 可见光波段

无人机载可见光相机具有体积小、质量轻、空间分辨率高、性价比高和后期数据处理简单等优势,已在各个领域广泛应用。在林业领域中,依靠其优越的地表细节分辨能力、影像纹理信息和可见光谱信息,可用于土地覆盖类型、海拔、坡度、坡向、坡位、树种、林木冠幅、株数、郁闭度和树高等常用调查因子的判读和提取(图 4-2)。常见的如大疆 Mavic 2、Phantom 4 pro、Phantom 4 RTK 等搭载的可见光相机均能够解决多数林业生产单位关于森林资源调查方面的技术问题。

(a)土地覆盖类型判读　　　　　(b)冠幅、株数、郁闭度提取

图 4-2 可见光相机在常用调查因子的应用

4.2.2 多光谱成像仪

多光谱成像仪的机械结构较可见光相机更为复杂,可以获取人眼无法感知的波段范围,一般覆盖可见光—近红外谱段。无人机载多光谱成像仪限于重量,不可能像星载传感器一样复杂,波段一般划分为 4~6 个,获取的原始数据为二维图像。

与可见光相机相比,由于多光谱成像仪能够获取近红外波段,故可计算各类植被指数(vegetation index)。植被指数是对地表植被状况的简单、有效和经验的度量,目前已经定义了 40 余种植被指数,广泛应用于全球与区域土地覆盖、植被分类和环境变化、初级生产力分析、作物和牧草估产、干旱监测等方面。在林业遥感领域,植被指数反映植被在可见光、近红外波段反射与土壤背景之间的差异,能较好地指示植被覆盖度和生长状况(图 4-3),特别适用于生长旺盛、具有高覆盖度的森林植被监测。常用的植被指数包括归一化植被指数($NDVI$)、比值植被指数(RVI)、差值环境植被指数(DVI)、增强型植被指数(EVI)、绿度植被指数(GVI)、垂直植被指数(PVI)和土壤调节植被指数($SAVI$)等。以下简单介绍两款多光谱成像仪。

(a) 原始正射影像　　　　　　　　(b) 归一化植被指数计算

图 4-3　基于无人机载多光谱相机的植被指数计算

(1) RedEdge-MX 多光谱成像仪(图 4-4)

由美国 MicaSense 公司研发制造,重量 232 g,有 5 个窄带多光谱波段,分别为蓝、绿、红、红边、近红外;在距离地面 120 m 飞行高度的每个波段的像素分辨率为 8 cm;具有可拆卸式 WiFi 组件;机身采用铝合金外壳,散热性好,其紧凑的尺寸在多旋翼和固定翼平台均能运转良好,多用于农林植被制图。

(2) 大疆 Phantom 4 多光谱成像仪(图 4-5)

由大疆创新科技有限公司于 2019 年研发制造,集成了 1 个可见光相机和 5 个多光谱相机(蓝光、绿光、红光、红外和近红外),分别负责可见光成像及多光谱成像。所有相机均拥有 200 万像素的解析力。可自动生成 *NDVI*、*GNDVI*、*LCI*、*NDRE* 和 *OSAVI* 5 种植被指数,广泛适用于土地覆盖/植被分类、植被长势状况反演、森林蓄积量/生物量遥感制图等。

图 4-4　RedEdge-MX 多光谱成像仪　　图 4-5　大疆 Phantom 4 多光谱成像仪

4.2.3　高光谱成像仪

高光谱成像仪以其光谱分辨率高、覆盖波段范围广等优势广泛应用于林业领域中的森林资源信息提取和植被理化参数反演,它的出现为通过遥感方式获取更多信息提供了可能和有效手段(图 4-6)。无人机载成像高光谱遥感技术是利用很多分割精细的电磁波谱段对感兴趣的区域获取目标地物的有关信息,是集无人机探测技术、计算机技术、信息处理技术等于一体的综合性探测技术。与多光谱遥感相比,无人机载高光谱成像仪具有光谱响应范围广、光谱分辨率和空间分辨率高、数据描述模型多、分析灵活、数据量大等特点。作为林业遥感领域的研究前沿,无人机载高光谱成像仪的出现多用于科学研究领域。

图 4-6　无人机载高光谱成像仪假彩色合成影像

森林植被的典型反射光谱特征由其反射光谱的特性决定，受其组织结构、生物化学成分和形态特征等的影响。主要表现为：色素吸收决定可见光波段的光谱反射率，细胞结构决定近红外波段的光谱反射率，水汽吸收决定短波红外的光谱反射率。一般情况下，森林植被在 350~2500 nm 范围内具有如下反射光谱特征。

350~490 nm 谱段：由于 400~450 nm 谱段为叶绿素的强吸收带，425~490 nm 谱段为类胡萝卜素的强吸收带，380 nm 波长附近还有大气的弱吸收带，故 350~490 nm 谱段的平均反射率很低，一般不超过 10%，反射光谱曲线的形状较平缓。

490~600 nm 谱段：由于 550 nm 波长附近是叶绿素的强反射峰区，故森林植被在此谱段的反射光谱曲线具有波峰形态和中等的反射率数值(8%~28%)。

600~700 nm 谱段：650~700 nm 谱段是叶绿素的强吸收带，610 nm 和 660 nm 谱段是藻胆素中藻蓝蛋白的主要吸收带，故森林植被在 600~700 nm 的反射光谱曲线具有波谷形态和很低的反射率数值(除处于落叶期的植物群落外，通常不超过 10%)。

700~750 nm 谱段：森林植被的反射光谱曲线在此谱段急剧上升，具有陡而近于直线的形态。其斜率与植物单位面积叶绿素(a+b)的含量有关。

750~1300 nm 谱段：森林植被在此谱段具有强烈反射的特性，可理解为植物防灼伤的自卫本能，故具有高反射率数值。此谱段室内测定的平均反射率多在 35%~78%，而野外测试多在 25%~65%。由于 760 nm、850 nm、910 nm、960 nm、1120 nm 等波长附近有水或氧的窄吸收带，因此，750~1300 nm 谱段的森林植被反射光谱曲线还具有波状起伏的特点。

1300~1600 nm 谱段：与 1360~1470 nm 谱段是水和二氧化碳的强吸收带有关，森林植被在此谱段的反射光谱曲线具有波谷形态和较低的反射率数值(在 12%~18%)。

1600~1830 nm 谱段：与植物及其所含水分的波谱特性有关，森林植被在此谱段的反射光谱曲线具有波峰形态和较高的反射率数值(在 20%~39%)。

1830~2080 nm 谱段：此谱段是植物所含水分和二氧化碳的强吸收带，故森林植被在此谱段的反射光谱曲线具有波谷形态和较低的反射率数值(在 6%~10%)。

2080~2350 nm 谱段：与植物及其所含水分的波谱特性有关，森林植被在此谱段的反射光谱曲线具有波峰形态和中等的反射率数值(在 10%~23%)。

2350~2500 nm 谱段：此谱段是植物所含水分和二氧化碳的强吸收带，故森林植被在此谱段的反射光谱曲线具有波谷形态和较低的反射率数值(在 8%~12%)。

以下简单介绍两款高光谱成像仪。

(1) HySpex vnir-1800 高光谱成像仪

能够提供高辐亮度精度测量的高端影像采集相机(图 4-7)，覆盖的光谱范围为 400~1000 nm，具有 182 个波段，重量 5000 g；采用了尖端的主动冷却和稳定 CMOS 探测器；拥有 20 000 的动态范围信噪比水平；最大帧速率为 260 fps。主要用于农林植被种类识别和理化参数估算、水质参数反演等方面。

(2) Rikola 高光谱成像仪

属框幅式高光谱成像仪，覆盖的光谱范围为 500~900 nm，具有 380 个波段，重量 720 g；在每个像素中提供真实的光谱响应，而不使用插值；具有重量轻、简单易用等特点(图 4-8)，可搭载在不同种类的无人机上，应用于农业、林业和水环境研究领域。

图 4-7　HySpex vnir-1800 高光谱成像仪

图 4-8　Rikola 高光谱成像仪

4.3　基于 DJI GS Pro 的外业航测案例

4.3.1　DJI GS Pro 软件简介

地面站是与无人机体分离，负责相关数据的接收、处理、发送，能够对无人机的航线、动作进行规划，让无人机完成自动飞行、自动拍摄或其他特定动作的系统平台。DJI GS Pro 地面站是 2017 年由大疆创新科技有限公司研发的一款无人机操作及综合管理的 iPad 端应用程序。该程序目前只支持安装在 iOS 系统的各类平板电脑(如 iPad Air、iPad Mini、iPad Pro 等)，暂不支持安卓系统，可被用于空中摄影测量、精准农业、建筑、电力巡检、安全监控和灾害救援等领域。通过直观简易的交互设计，只需轻点屏幕，就能轻松规划复杂的航线任务，实现全自动航点飞行作业。该程序可以实现自主航线规划及飞行，主要功能包括虚拟护栏、测绘航拍区域模式和航点飞行指定航线 3 个部分(图 4-9)。

图 4-9　DJI GS Pro 的主要飞行任务种类

(1) 虚拟护栏(图 4-10)

本功能可实现在高清卫星影像图上手动划定区域,限制无人机飞行的区域、高度和速度,避免区域外的危险因素。

图 4-10　虚拟护栏

(2) 测绘航拍区域模式(图 4-11)

本功能可实现在指定区域内自动生成航线任务,使无人机按照指定路线飞行、拍摄,自动完成测绘、航拍任务。

图 4-11　测绘航拍区域模式

(3) 航点飞行指定航线(图 4-12)

本功能可使用户自定义航点,并支持为每个航点单独设置高度、航向、云台俯仰、旋转方向和航点动作,使无人机自动完成复杂的飞行任务。

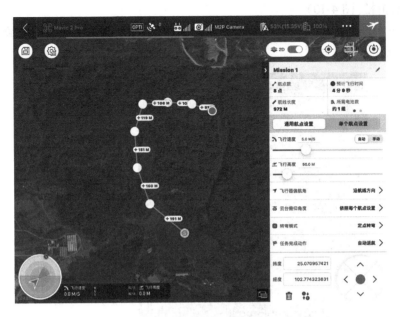

图 4-12 航点飞行指定航线

4.3.2 作业区的踏查

在飞行前,首先应对作业区进行必要的踏查工作,主要踏查内容包括:

①作业区是否位于禁飞管制区。依据国家和地方的相关规定,查询作业区是否位于禁飞管制区。应特别注意遵守相关的法律法规,获得相关管理部门的许可后方可飞行。

②作业区的地形地貌。尤其需要确定作业区域范围内海拔较高的地物,如山峰、树木、建筑物和输电线路等。在设定飞行任务参数时,准确估计飞行航线高度和返航高度,以避免无人机在航线上遇到障碍而发生撞机事故。

③气象条件的判定。应尽可能地获取作业区飞行的风速、风向、气温、气压和云雨雷电等气象信息,在设定飞行任务参数时,充分考虑气象信息以避免飞行器在恶劣气象条件下发生事故。

④起降场地的选取。应尽量选择地面平坦、无明显凸起、通视良好和远离高压线等信号干扰源的地块作为无人机的起降场地。具体选取原则可参见本节第 3.1.1 节。

4.3.3 测区的建立

本节以处于丘陵地区的某块农田作为案例,以大疆 Phantom 4 Pro 作为测试无人机,介绍基于 DJI GS Pro 的外业航测操作方法。

在 iPad 设备上运行 DJI GS Pro 地面站软件,新建飞行任务,依次选择"测绘航拍区域模式"的"地图选点"功能,单击屏幕绘出作业区的多边形范围(图 4-13)。注意:后期图像拼接时可能丢失外围的边缘区域。为了确保后期的图像拼接结果能够覆盖全部作业区,绘制的实际飞行区域范围宜在原作业区的基础上向外扩大一定的边距。

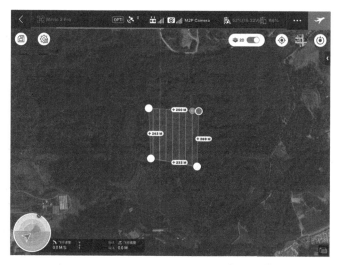

图 4-13 绘制实际飞行区域的多边形范围

4.3.4 任务参数的设置

完成实际飞行区域范围的绘制后，DJI GS Pro 地面站软件自动在右侧界面出现任务参数设置页面，分为基础设置和高级设置两个部分。

(1) 基础设置主要参数及说明（图4-14）

①相机型号。DJI GS Pro 地面站根据已连接的无人机，自动读取并设置为对应的相机型号。如果自动设置有误，可手动修改。

②相机朝向。建议设置为"平行于主航线"。某些型号的无人机，其脚架低于镜头，横向飞行遇到较大横风时镜头会拍摄到脚架，"平行于主航线"则不会出现该问题。

③拍照模式。建议设置为"等时间隔拍照"，不建议设置为"航点悬停拍照"。"航点悬停拍照"模式在拍摄每张照片时都要经历减速、悬停、拍照和加速的过程，将严重影响电

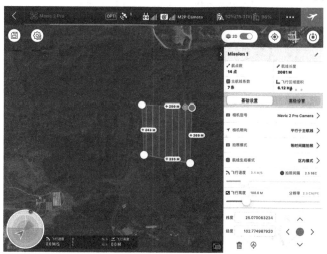

图 4-14 基础设置界面

池的续航时间。

④飞行高度。根据作业区的地形地貌、计划生产图像的空间分辨率确定飞行高度。随着飞行高度的增大，空间分辨率数值随之增大。空间分辨率与飞行高度的比例关系和相机参数有关。同时，要考虑作业区是否位于限高或禁飞区。

⑤飞行速度。不能手动调整，DJI GS Pro 根据飞行高度、相机参数等多种因素综合自动设定。

（2）高级设置主要参数及说明（图 4-15）

①主航线上图像重复率。根据作业区的地形地貌、计划生产图像的质量确定。重复率设置为 60% 可达到基本要求；对正射影像有较高要求时可适当提高重复率。需要注意的是：重复率越高，采样的图像数量越多，飞行时间越长，内业图像处理的运算量越大。

②主航线间图像重复率：设置原则同主航线间图像重复率。可适当低于主航线上图像重复率。

③主航线角度。为了让飞行更省电，原则上应让无人机尽量处于匀速飞行状态，航线应尽量规则，"折返跑"次数越少越好。可根据作业区的形状和朝向设置主航线角度。

④边距。后期图像拼接时可能丢失外围的边缘区域。为了增加保险系数，可适当扩大实际飞行区域范围，或者根据实际情况设置一定的边距。

⑤云台俯仰角度。建议设置为 -90°，即垂直摄影，形成的几何畸变较小。

⑥任务完成动作。建议设置为"自动返航"。返航高度应根据实际飞行区域的地形地貌进行设置，要充分考虑返航途中的障碍物，一般需要增加保险系数，将返航高度的数值在障碍物最高高度的基础上适当增加。设置为"悬停"的风险较高。

完成上述任务参数设置后，单击 DJI GS Pro 地面站软件界面右上方的起飞图标，出现准备飞行任务界面，确认无误后，单击"开始飞行"，DJI GS Pro 地面站软件将此次任务数据上传至无人机，无人机自动起飞并执行预定规划的飞行任务。

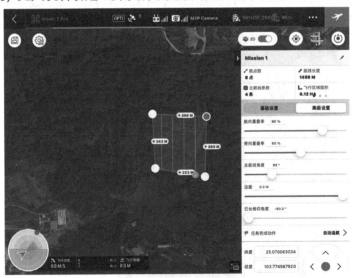

图 4-15　高级设置界面

4.3.5 地面控制点的布设

由于无人机航测影像的像幅小,飞行过程中可能存在抖动、偏航和倾斜等现象,所获取的影像与真实地表空间存在一定偏差。此外,因为作业区地形地貌等因素的影响,航测影像也会出现几何畸变,上述因素将导致航测影像的几何误差。因此,需要合理布设一定数量的地面控制点(ground control point,GCP),以确保航测影像的准确性。地面控制点的选取也是航测影像几何校正过程的重要环节。

无人机航测地面控制点的布设方法通常分为全野外布点和非全野外布点两种形式。全野外布点具有精度高的特点,但外业工作量大;非全野外布点具有较高的工作效率,可满足所需的精度要求,应用较多。在地面控制点布设时,根据计划生产图像的质量和精度要求决定地面控制点的数量,可选择单点布设或加密布设(图4-16)。在地表用白灰做圆形或"+"形标记,采用 GPS RTK 方法测量每个地面控制点的坐标并记录。

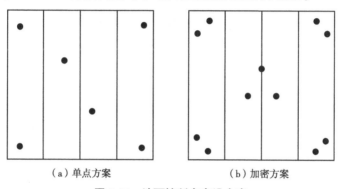

(a)单点方案　　　　(b)加密方案

图 4-16　地面控制点布设方案

4.3.6 飞行任务执行与完成

无人机飞至作业区规划航线的起点上方后,将自动按航线进行图像采集。操作员无须再控制无人机的飞行动作,但需时刻关注 DJI GS Pro 地面站实时显示的无人机位置、姿态、距离、高度、图传、信号强度、剩余电量及飞行时间等信息。完成全部规划任务后,无人机将自动在设定的返航高度上返航、降落。

当作业区的范围较大或有高大山体、建筑物等遮挡或作业区与起飞点距离较远时,因遥控信号随着传输距离增大逐渐减弱或者遥控信号在直线传播过程被障碍物遮挡、干扰等,飞行过程中可能出现遥控信号或图传信号丢失现象。飞行中的信号丢失可能会造成严重损失。较为安全稳妥的设置方法:起飞前,在 DJI GS Pro 地面站软件中设置为信号丢失后自动返航;较为冒险的设置方法:信号丢失后继续执行任务,该设置可以克服因频繁出现的信号丢失而导致的飞行任务中断,但存在无人机丢失或撞机的风险。如遇飞行中信号丢失,操作员不要过度慌乱,不可做出"鲁莽"行为,等待无人机飞行到可控区域并与遥控器重新自动连接后,地面站显示无人机状态信息,即可重新实现对无人机的遥控操作。

在执行飞行任务过程中,为了尽可能避免信号丢失,应使无人机处于最佳通信范围内。实时调整遥控器天线与无人机之间的方位(图4-17),以确保无人机总是位于遥控器的最佳通信范围内。

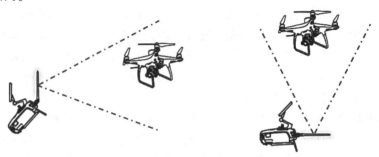

图 4-17　遥控器天线与飞行器之间的最佳方位

4.3.7　外业航测成果

完成外业飞行任务后,将无人机存储卡中的原始影像导出(图 4-18)。

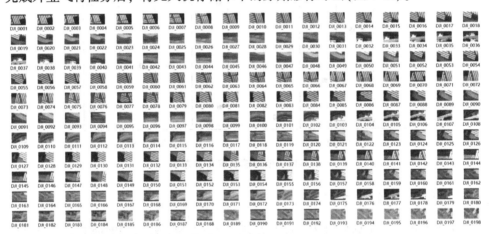

图 4-18　航测原始影像

思考题

1. 简述无人机航测技术在林业领域的应用范围。
2. 利用无人机航测技术可以估算哪些森林资源调查因子?
3. 无人机载传感器包括哪些类型?
4. 比较不同类型光学传感器的优缺点。
5. 多光谱成像仪较可见光相机具有哪些技术优势?
6. 简述高光谱成像仪估算森林植被参数的原理。
7. 地面控制点对提高航测成果质量有何作用?
8. 简述无人机外业航测的主要操作步骤。

参考文献

陈强, 黄光体, 沈丽莉, 等. 基于面向对象的多尺度分割技术在森林督查工作中的应用研究[J]. 湖北林业科技, 2018, 47(6): 58-60, 66.

黄国胜, 刘谦, 史京京. 大数据时代林地一张图建设构想[J]. 林业资源管理, 2018(3): 1-4, 14.

黄云鹏, 戚晓芳, 陈绍煌, 等. 无人机搭载灭火弹在森林防火中的应用研究[J]. 林业勘察设计, 2018, 38(2): 71-74.

李祥. 基于无人机影像的单木结构参数提取与生物量制图研究[D]. 哈尔滨: 东北林业大学, 2019.

亓兴兰, 曹祖宁, 刘健, 等. 基于卫星遥感影像的森林病虫害监测研究进展[J]. 林业资源管理, 2020(2): 181-186.

孙钊, 潘磊, 孙玉军. 基于无人机影像的高郁闭度杉木纯林树冠参数提取[J]. 北京林业大学学报, 2020, 42(10): 20-26.

汪霖. 基于无人机高分影像的森林参数估测方法[D]. 南京: 南京林业大学, 2020.

许等平, 罗鹏, 郑冬梅, 等. 林地一张图国家级互联网服务平台设计与实现[J]. 林业资源管理, 2018(3): 121-128.

CUI D, CHEN X, XUE Y L, et al. An integrated approach to investigate the relationship of coupling coordination between social economy and water environment on urban scale-a case study of Kunming [J]. Journal of environmental management, 2019, 234: 189-199.

GHOLIZADEH M H, MELESSE A M, REDDI L. A comprehensive review on water quality parameters estimation using remote sensing techniques [J]. Sensors, 2016(16): 1298.

GINI R, PASSONI D, PINTO L, et al. Use of unmanned aerial systems for multispectral survey and tree classification: a Test in a park area of northern Italy [J]. European Journal of Remote Sensing, 2014, 57 (11): 251-269.

MEYER A M, KLEIN C, FUENFROCKEN E, et al. Real-time monitoring of water quality to identify pollution pathways in small and middle scale rivers [J]. Science of the Total Environment, 2019, 651: 2323-2333.

第 5 章

无人机影像预处理技术

利用无人机航测技术可以获取海量、实时、高质量的目标地物遥感图像。如何高效处理无人机航测影像成为当前亟待解决的技术问题。由于无人机的飞行高度较低，能够获取目标地物的高空间分辨率影像，但伴随出现的影像分幅多、数据量大等问题，使得传统的星载/机载遥感图像处理技术无法适用于无人机航测影像。无人机航测影像的预处理主要包括正射校正、图像拼接和解析空中三角测量等环节，预处理之后主要的成果包括数字正射影像(DOM)、数字表面模型(DSM)、数字高程模型(DEM)、数字地形模型(DTM)及三维点云等。目前，在无人机航测影像处理方面较为广泛应用的软件主要有：Pix4Dmapper(瑞士)、Menci APS(意大利)、PhotoScan(俄罗斯)、ENVI OneButton(美国)、INPHO(德国)、PixelGrid(中国)、DPGrid(中国)、PhotoMOD(俄罗斯)、IPS(美国)和EasyUAV(中国)等。

5.1 常用软件概述

(1) Pix4Dmapper

Pix4Dmapper 是由瑞士 Pix4D 公司的 EPFL 研究机构研发的无人机测绘和摄影测量专业软件(图 5-1)，主要处理无人机航测影像，能够快速生成高精度且带地理坐标的二维地图和三维模型。该软件的主要特点包括：操作员无须具备专业基础知识，一键式操作；自动获取相机参数；自动生成数字正射影像(DOM)和数字表面模型(DSM)；自动生成等高线和三维纹理模型；可进行多光谱影像处理、体积计算和热成像；支持项目合并与拆分。该软件进行数据处理的主要工作流程如下：

①导入影像(JPG 或 TIFF 格式，数量可达千幅)和 POS 数据；
②导入地面控制点文件；
③设置选项参数；
④全自动处理，空三加密，生成 DOM 和 DSM；
⑤正射影像编辑；
⑥输出 DOM、DSM、DTM、KML、三维模型、三维点云、空三结果和精度报告。

(2) Menci APS

Menci APS(Aerial Photo Survey)是由意大利 Menci 公司研发的一款无人机航测影像全

图 5-1　Pix4Dmapper 软件主界面

自动处理软件(图 5-2)。该软件支持导入大多数无人机航测影像；计算效率高，较其他软件可节省处理时间；支持多传感器项目，可以导入无 IMU 的数据；自动生成 DOM、DSM、等高线、三角格网，支持 DTM 自动过滤；能够进行正摄影像调整和编辑；支持 DOM 和 DSM 不同波段输出；有独立的三维点云视窗；支持常见的 CAD 编辑命令。

图 5-2　Menci APS 软件主界面

Menci APS 数据处理的主要工作流程如下：

①数据导入。支持不同类型的无人机航测影像，以及自定义的 GPS/IMU 数据，能够自动提取相机变形参数。

②空三解算。进行空三解算时支持多线程处理，能够全自动进行空三解算，并生成详细报告，快速生成栅格视图，计算结果可直接导出至立体分析工具。

③DSM 生成。利用完整的多立体匹配算法生成 DSM，进行点云辐射平衡，生成三维点云。

④MESH 网格生成。通过点云抽细自动提取纹理，生成三角格网。

⑤DTM 生成。过滤 DSM 以提取 DTM。

⑥等高线提取。可自动生成矢量格式(.shp)的等高线图层。

⑦正射影像拼接。拼接生成正射影像及匀光匀色处理后的 DOM。

(3) PhotoScan

PhotoScan 是俄罗斯 Agisoft 公司研发的无人机测绘和摄影测量软件(图 5-3)。该软件能根据无人机航测影像自动生成 DOM 和三维模型，支持 JEPG、TIFF、PNG、BMP 等多种图像格式。其主要特点包括：全自动和直观的工作流程；支持倾斜影像、多源影像、多光谱影像、多航高、多分辨率影像的自动空三处理；具有影像掩膜添加、畸变去除等功能；能够处理非常规的航线数据或包含航摄漏洞的数据；支持数据分块拆分处理，计算效率高。

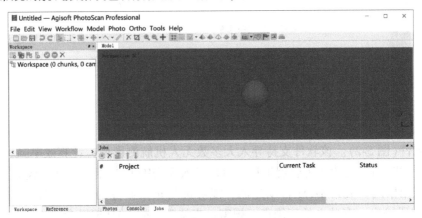

图 5-3　PhotoScan 软件主界面

PhotoScan 数据处理的主要工作流程如下：①导入影像和 POS 数据；②投影转换；③评估照片质量，删除质量较差的照片；④对齐照片；⑤添加控制点及比例尺；⑥创建加密点云；⑦创建 TIN 模型；⑧模型纹理贴图；⑨生成 DOM 及正射镶嵌编辑；⑩输出 DOM 和 DEM。

5.2　基于 Pix4Dmapper 的预处理案例

本节以某丘陵地块为例，使用大疆 Phantom 4 Pro 无人机于晴朗无风少云天气实地航测，外业利用 DJI GS Pro 地面站软件自动规划作业区航线，设定飞行高度为 50 m，采用等时间隔（4 s）拍照方式，主航线上图像重复率设置为 80%，主航线间图像重复率设置为 70%，云台俯仰角度设置为-90°（垂直摄影），测区总面积为 8.67 hm^2，共获取航测影像 137 幅，未设置地面控制点。内业使用 Pix4Dmapper 软件（测试版本），参考相关资料（相涛等，2019；周乃恩等，2019；李忠强等，2018），介绍无人机影像预处理的主要操作方法。

图 5-4　新建项目

(1) 新建项目

运行 Pix4Dmapper 软件，单击主界面左上方菜单栏的"项目"，在其下拉菜单中单击"新项目"；在出现的"新项目"界面，输入"项目名称"，本例输入为"plot_01"，并指定项目文件的存储路径，本例输入为"D:\test"。原始航测影像存储于"D:\test"文件夹。注意："项目名称"和存储路径均不能使用中文，且路径不宜过度复杂；因中间过程数据所占空间较大，指定的存储空间的容量应充足。在"项目类型"中选择默认的"新项目"，单击"下一步"（图 5-4）。

(2) 添加图像

在"选择图像"界面单击"添加图像",选择需要添加的所有图像,单击"下一步"(图5-5)。

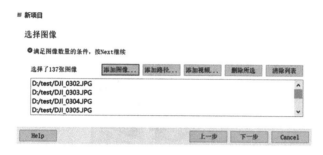

图 5-5　添加图像

在"图片属性"界面(图5-6),涉及的主要参数及释义如下:

①图像坐标系。多数的品牌无人机将 GPS 信息写入相片中,Pix4Dmapper 可自动从照片中提取这些位置信息,不需要人工干预。默认为 WGS 1984(经纬度)坐标。若需更改坐标系,单击右侧"编辑";若设置了地面控制点,需要选择和地面控制点相一致的坐标系,比如 Xian 1980 坐标系,单击已知坐标系并勾选高级选项,然后在已知坐标系下方单击"从列表",可选择我国林业常用的坐标系(Beijing 1954 或 Xian 1980);若需要使用本地坐标系且有 PRJ 文件,则单击"从 PRJ",导入 PRJ 文件坐标。

②地理定位图像和精度按默认设置即可。

③相机型号。Pix4Dmapper 软件可自动读取相机型号;若相机模型库中没有对应的该相机,单击右侧"编辑"创建该相机的参数。

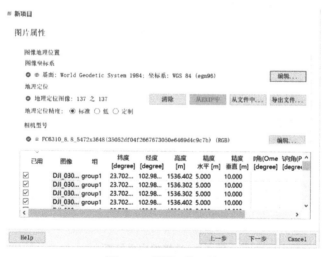

图 5-6　设置图片属性

(3) 处理选项模板

根据项目要求和相机类型确定处理选项模板。共有6种模板可供选择:"3D 地图""3D 模型""农业""3D 地图-快速/低分辨率""3D 模型-快速/低分辨率"和"农业-快速/低分辨率"(图5-7)。本例选择"3D 地图"。

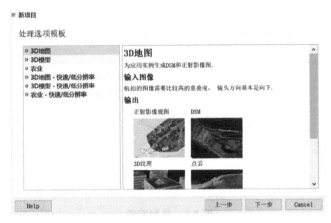

图 5-7　处理选项模板

①3D 地图。最常用的模板，建议镜头垂直向下拍摄并设置较高的重叠度，可输出 DOM、DSM、3D 纹理和 3D 点云。

②3D 模型。多用于针对某地物进行的三维建模，可输出 3D 纹理和 3D 点云。

③农业。若输入的航测影像为多光谱、近红外或热红外图像，可输出植被指数等结果，用于估算农林植被的生长状态。

④快速/低分辨率模式。可首先选择快速/低分辨率模式计算初步结果，是正式处理前的检查和判断。

(4) 输出坐标系

输出结果的坐标系默认设置为 WGS 1984(经纬度)坐标(图 5-8)。若需更改，勾选下方的"高级坐标系选项"修改坐标系信息。

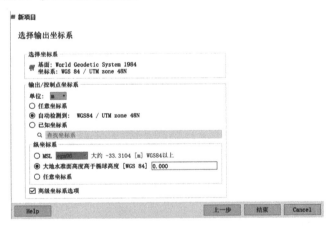

图 5-8　选择输出坐标系

(5) 全自动处理

完成上述设置后，该项目创建完成，进入全自动处理界面(图 5-9)。界面下方默认勾选"1. 初始化处理""2. 点云及纹理"和"3. DSM，正射影像图及指数"。可先只勾选"1. 初始化处理"，检查项目质量报告的各项参数能否满足需求，若满足要求则继续勾选"2. 点云及纹理"和"3. DSM，正射影像图及指数"完成全部处理。

第 5 章　无人机影像预处理技术 · 67 ·

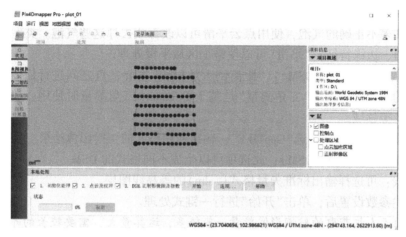

图 5-9　全自动处理

在全自动处理前，可先单击"选项"修改相关参数：

① "1. 初始化处理"一般按默认设置的"全面高精度"。

② "2. 点云和纹理"（图 5-10）主要参数及释义如下：

a. 图像比例：设置的值越大，生成的点越多，细节越丰富，处理时间也越长。

b. 多比例：勾选后会额外生成多的 3D 点，体现更多细节，处理时间也更长。

c. 匹配最低数值：3D 点云中的每个点至少要在若干张图片上有匹配点，3 为默认值。在影像重叠度不高时可选 2，得到的 3D 点云质量不高；选 4 则会提高 3D 点云质量，但得到点的数量会减少。

d. 生成三维网格纹理：勾选后可获得三维网格纹理模型。

e. 输出：LAS、LAZ、PLY、XYZ 为点云文件，其中，LAS 为 LiDAR 点云文件（默认值）。PLY、FSX、AutoCAD DXF、OBJ、3D PDF 为三维网络纹理，OBJ 为默认值。

③ "3. DSM，正射影像图及指数"（图 5-11）主要参数及释义如下：

图 5-10　点云和纹理输出设置

图 5-11　DSM 和正射影像图输出设置

a. 分辨率：默认值为 1，自动生成以地面分辨率为倍数的 DSM 和 DOM。

b. DSM 过滤：生成 3D 点云时会产生一些错误，过滤功能是消除这些错误。使用噪波过滤,根据3D点云生成一个表面,从其他邻近的点取样计算重新生成;使用平滑表面:该表面存在许多不正确的气泡,使用点云平滑可以改善或去掉这些气泡。类型:"尖锐"可保留更多转角、边缘特征;"平滑"可以使整个区域平滑处理。

c. 栅格数字表面模型(DSM):"距离倒数加权法"主要在点之间进行插值,建议在有较多建筑物的场景中使用;"三角测量"是基于Delaunay三角测量时使用,建议用于农林业、体积计算等领域。

d. 正射影像图:建议勾选"GeoTIFF",输出通用格式的正射影像结果。

e. 方格数字表面模型(DSM):此选项可以生成不同格式的DSM。

f. 等高线:可选择输出标准矢量格式(.shp)的等高线图层。

完成上述参数设置后,单击"开始"进行一键式处理。

注意:因无人机获取的航测影像数量一般较多,运算量大,需要较长的等待时间。等待时间的长短与计算机硬件配置、航测影像数量、输出结果的详细程度等因素有关。

(6)输出结果

处理完成后,本例最终的结果保存的路径及释义如下:

初始化处理结果:D:\test\plot_01\1_initial;

点云及纹理结果:D:\test\plot_01\2_densification;

正射影像及指数:D:\test\plot_01\3_dsm_ortho。

其中,最主要的处理结果存放的路径如下:

DOM:D:\test\plot_01\3_dsm_ortho\2_mosaic\文件夹下的TIFF格式文件;

DSM:D:\test\plot_01\3_dsm_ortho\1_dsm文件夹下的TIFF格式文件;

3D点云:D:\test\plot_01\2_densification\point_cloud\文件夹下的.las格式文件;

3D网格纹理:D:\test\plot_01\2_densification\3d_mesh\文件夹下的.obj格式文件;

质量报告:D:\test\plot_01\1_initial\report\文件夹下的.pdf格式文件。

关于质量报告(Quality Report)的释义如下:

Summary(摘要):Average Ground Sampling Distance(GSD)为平均地面采样距离,即遥感中的空间分辨率;Area Covered为处理结果的覆盖面积。

Quality Check(质量检查):Images(图像),即在图像上能够提取的特征点的数量;Dataset(数据集),一个作业区中能够进行建模的图片数量,应至少95%,若存在多个作业区,可能是由于重叠度不够或图片质量差而导致断点;Camera Optimization(相机参数优化质量),最初的相机焦距/像主点和计算得到的相机焦距/像主点误差,应小于5%;Matching(匹配),每幅校准图片匹配的中位数;Georeferencing(地理定位),用于检查地面控制点的误差,地面控制点的误差应小于2倍平均地面采样距离。若未布设地面控制点,则显示黄色警告,可忽略此警告。

Preview(快视图预览):用于初步预览低分辨率的DOM和DSM快视图。

Calibration Details(校准详情):依次为Initial Image Positions(初始相片位置)、Computed Image/GCPs/Manual Tie Points Positions(计算后的相片位置)、Overlap(重叠区域),用于判断原始图像的质量。

Bundle Block Adjustment Details(区域网空三误差):Internal Camera Parameters(相机自

检校误差），R1、R2、R3 参数不能大于1，否则可能出现严重的扭曲现象。

Geolocation Details（地理定位详情）：Absolute Geolocation Variance（绝对地理定位方差）、Relative Geolocation Variance（相对地理定位方差）。

Point Cloud Densification Details（点云加密详情）：Processing Options（处理选项）、Results（结果）。

DSM, Orthomosaic and Index Details（数字表面模型、正射影像和指数详情）：Processing Options（处理选项）。

5.3 基于 Menci APS 的预处理案例

本节以某丘陵地块为例，使用大疆 Phantom 4 Pro 无人机于晴朗无风少云天气实地航测，外业利用 DJI GS Pro 地面站软件自动规划作业区航线，设定飞行高度为 50 m，采用等时间隔（4 s）拍照方式，主航线上图像重复率设置为 80%，主航线间图像重复率设置为 70%，云台俯仰角度设置为 -90°（垂直摄影），测区总面积为 8.67 hm^2，共获取航测影像 137 幅，未设置地面控制点。内业使用 Menci APS 软件（测试版本），参考相关资料（徐永胜等，2020；黄军胜，2019；杨卫等，2019），介绍无人机影像预处理的主要操作方法。

(1) 新建工程

运行 Menci APS 软件，单击主界面左上方菜单栏的"New"，出现新建工程向导界面。在左上方单击"Pick Project Folder"，指定该工程数据的存储路径，本例输入为"D:\test"；在 Project Name 下方输入新建工程的名称，本例输入为"plot_01"。原始航测影像存储于"D:\test"文件夹。注意：工程名称和存储路径均不能使用中文，且路径不宜过度复杂；因中间过程数据所占空间较大，指定的存储空间的容量应充足。

(2) 添加图像

①在"Datasets"界面单击"Add"，选择需要添加的所有图像，随后可在"Import Images Positions"中导入位置文件，可单击"Add"或"Romove Selected"添加或删除图像（图 5-12）。

②在"Camera"栏，自动识别相机模型（本例为"FC6310，RGB"）。Menci APS 可

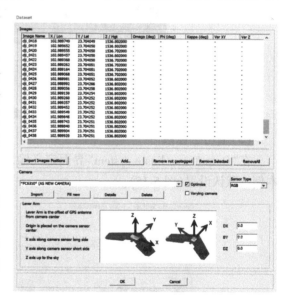

图 5-12 图像导入和相机模型识别

自动识别大多数相机；若未能正确识别相机型号，可单击"Fill new"进行手动添加。其他参数可按默认设置（图 5-12）。

③单击"OK"后，出现"Insert camera pixel size (mm)"询问像素大小（图 5-13）。像素大小 mm = [传感器宽度 mm/图像宽度像素 + (传感器高度 mm/图像高度像素)]/2。传感器宽

度和传感器高度可在镜头制造商网站查询；图像宽度和图像高度可直接查询照片的属性信息。本例像素大小的计算公式为：（12.8/5472+9.6/3648）/2＝0.002485380116959064。

图 5-13　计算并输入像素大小

④单击"OK"出现航线显示界面（图 5-14），可单击"Import AOI"导入感兴趣区以指定计算的空间范围。

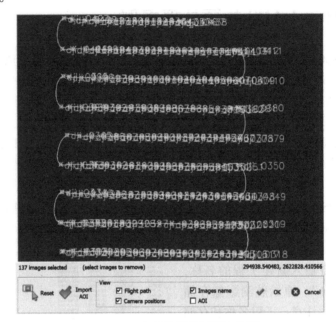

图 5-14　飞行航线及航测图像位置

(3) 输出坐标系

在"Output coordinate system"界面定义输出结果的坐标系，可导入自定义的投影信息。本例按默认设置（图 5-15）。

图 5-15　输出坐标系

(4) 选择匹配策略

在"Bundle Strategy"界面选择匹配策略，共有 5 种匹配策略供选择。如果计算机显卡支持则可用"GPU Descriptors Matching（GPU 描述符匹配）"，否则可用"Descriptors Matching

(描述符匹配)"。"Optical Flow Matching(光流匹配)"适用于单调色彩的航片,"Icremental GPU(增强 GPU)"和"Icremental CPU(增强 CPU)"适用于因风力过大而导致姿态不稳的情况。本例按默认设置"GPU Descriptors Matching(GPU 描述符匹配)"。

(5)全自动处理

在工作流菜单中单击"Batch",设置批处理过程,可实现全自动处理。批处理选项界面各栏释义如下:Radiometric Balancing(辐射平衡)、DSM(数字表面模型)、Mesh(网格纹理)、DTM(数字地形模型)、Contour Lines(等高线)、Seamlines(结合线)、DTM optimization level(DTM 优化水平)。按需求勾选需要输出的结果,本例设置如图 5-16 所示。

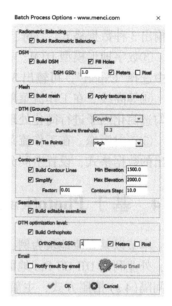

图 5-16 批处理选项设置

Menci APS 将自动进行如下 5 个计算过程(图 5-17),全部完成后生成计算报告。

①Import(影像导入):导入选取的航测影像。
②Find Feature(特征寻找):在每幅航测影像中找出特征点并标记。
③Match Feature(特征匹配):特征点相互匹配以便找出关键点。
④Bundle Adjustment(光束法平差计算):利用外部元素运算评估各区块。
⑤Raster Overview(预览):生成低分辨率结果预览。

(6)输出结果

①数字表面模型 DSM。在工作流菜单中单击"DSM"右侧的箭头,在快捷菜单中选择需要导出的数据格式,设置空间分辨率后即可导出。

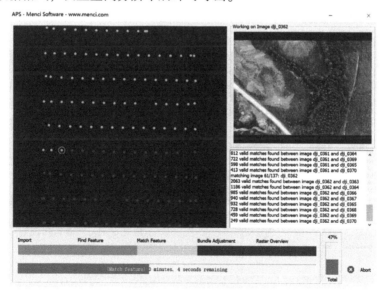

图 5-17 自动计算过程

②网格纹理。在工作流菜单中单击"Mesh"右侧的箭头,在快捷菜单中选择"Export",可输出3种数据格式:.obj、.vtp、.ply。

③数字地形模型DTM。在工作流菜单中单击"DTM(Ground)"右侧的箭头,在快捷菜单中选择"Export",可输出3种数据格式:.gtif、.asc、.xyz。

④等高线。在工作流菜单中单击"Contour Lines",输入最小高程、最大高程、等高距,可勾选简化因子进行简化处理。

⑤正射影像。在工作流菜单中单击"Orthophoto"右侧的箭头,在快捷菜单中选择需要导出的数据格式,设置空间分辨率后即可导出。

5.4 基于PhotoScan的预处理案例

本节以某丘陵地块为例,使用大疆Phantom 4 Pro无人机于晴朗无风少云天气实地航测,外业利用DJI GS Pro地面站软件自动规划作业区航线,设定飞行高度为50 m,采用等时间隔(4 s)拍照方式,主航线上图像重复率设置为80%,主航线间图像重复率设置为70%,云台俯仰角度设置为-90°(垂直摄影),测区总面积为8.67 hm^2,共获取航测影像137幅,未设置地面控制点。内业使用PhotoScan软件(测试版本),参考相关资料(王慧,2018;代婷婷等,2018;陈鹏飞等,2020),介绍无人机影像预处理的主要操作方法。

(1)添加照片

运行PhotoScan软件,单击菜单栏"工作流程",在下拉菜单中选择"添加照片",本例原始航测影像存储于"D:\test"文件夹,依次选择路径至"D:\test",选择需要添加的所有图像。

注意:存储路径不能使用中文,且路径不宜过度复杂。

单击菜单栏"视图",在下拉菜单中选择"参考"(图5-18)。PhotoScan可自动从照片中提取GPS信息,不需人工干预。

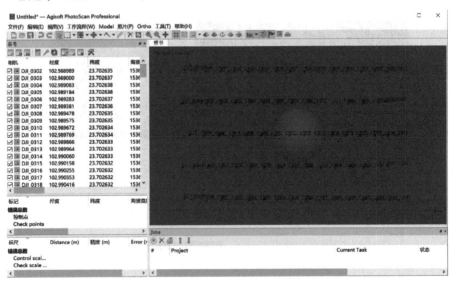

图5-18 添加照片

（2）对齐照片

PhotoScan 将自动寻找重叠图像之间的匹配点、估计每张照片的相机位置并构建稀疏点云模型。单击菜单栏"工作流程"，在下拉菜单中单击"对齐照片"（图 5-19），其主要参数及释义如下：

①精度：可选最高、高、中、低、最低，根据需要选择。

②关键点限制：按默认设置"40 000"。

③联结点限制：按默认设置"4000"。

④自适应相机模型拟合：建议勾选。

参数设置完成后，执行对齐照片。处理所需时间取决于航测影像的数量及精度要求。结束后在模型视图中显示稀疏点云模型，相机位置和方向在视图窗口中以蓝色矩形表示。

（3）优化图片对齐

为了减少因相机外部和内部参数以及校正过程可能产生的失真现象，建议运行"优化图片对齐"程序，以便获得更高精度。单击"参考"窗格中的"设置"，在"参考设置"界面设置相应的坐标系（图 5-20）；单击菜单栏"工具"，在下拉菜单中单击"优化图片对齐方式"，本例选择自动适应相机模型（图 5-21）。

（4）建立密集点云

单击菜单栏"工作流程"，在下拉菜单中单击"建立密集点云"（图 5-22），其主要参数及释义："质量"根据需要设置；"深度过滤"建议默认设置"进取"，若目标场景的几何形状复杂，具有诸多小的细节或无纹理的表面，建议设置为"轻度"。

（5）生成网格和纹理

①基于上一步骤的点云数据生成多边形网格模型。单击菜单栏"工作流程"，在下拉菜单中单击"生成网格"（图 5-23），其主要参数及释义："表面类型"建议选择"Height field (2.5D)"（高度场）；"源数据"选择"密集点云"；"面数"为生成模型中的最大面数，按默认设置"中"；其他按默认设置。

②单击菜单栏"工作流程"，在下拉菜单单击"生成纹理"（图 5-24），按默认设置。

图 5-19 对齐照片

图 5-20 参考设置

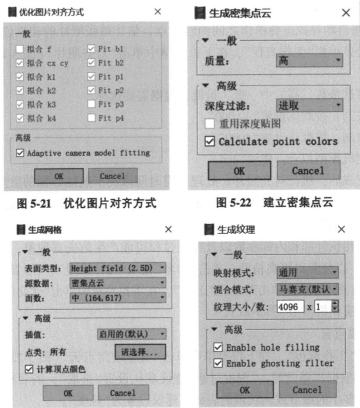

图 5-21　优化图片对齐方式　　　图 5-22　建立密集点云

图 5-23　生成网格　　　图 5-24　生成纹理

(6) 构建 DEM 和正射影像

① 基于密集点云或网格模型生成数字高程模型 DEM。单击菜单栏"工作流程"，在下拉菜单中单击"Build DEM"（图 5-25），其主要参数及释义："投影"按默认设置；"源数据"选择"密集点云"；其他按默认设置。

② 单击菜单栏"工作流程"，在下拉菜单中单击"Build Orthomosaic"（图 5-26），其主要参数及释义："投影"按默认设置；"Surface"为正射影像生成所需的表面；其他按默认设置。

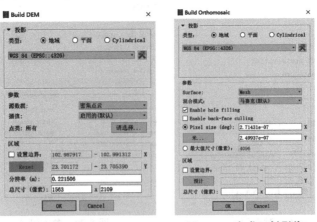

图 5-25　构建 DEM　　　图 5-26　生成正射影像

单击菜单栏"文件",在下拉菜单中单击"导出",可选择导出点云、模型、正射影像、数字高程模型 DEM、报告、纹理等成果。

5.5 无人机影像其他预处理案例

完成上述无人机航测影像处理后,获得的主要成果包括 DOM、DSM、DTM、DEM 和 3D 点云等。上述成果数据仅为初步结果,仍需对其进行诸如几何校正、图像裁剪等进一步处理。目前流行的无人机航测影像处理软件多以图像拼接和 3D 点云生成为其最主要的功能,较少涉及其他处理模块。本节基于上述无人机航测影像处理结果,以遥感数字图像处理领域和地理信息系统领域使用较为广泛的 ERDAS IMAGINE 和 ArcGIS Desktop 软件为平台,介绍林业领域使用无人机航测影像的其他预处理操作方法。

5.5.1 几何校正

无人机航测成像过程中,受多种因素的综合影响,原始图像上地物的几何位置、形状、大小、尺寸和方位等特征与其对应的地面地物的特征往往是不一致的(杨昕等,2019),这种不一致就是几何变形,也称几何畸变。搭载 GPS 模块的无人机航测采集的图片已保存了地理位置信息,经过上述处理后能够获得 WGS 1984 的经纬度投影信息。但是,由于飞行姿态和相机成像带来的变形、地形起伏等因素的影响,上述 DOM、DSM 等成果存在几何畸变;此外,上述成果的投影信息为 WGS 1984,与林业领域常用的 Xian 1980、Beijing 1954 等平面投影不同。消除或改正无人机航测影像几何误差的过程称为几何校正。多数情况需要对上述 DOM、DSM 等成果进行几何校正。本节以 ERDAS IMAGINE 软件的几何校正模块为例,以无人机航测正射影像为待校正的影像,以经过与 1∶1 万比例尺地形图配准后的同时期 GoogleEarth 高清影像为参考影像,进行几何校正操作。

(1)启动几何校正

①运行 ERDAS IMAGINE,在 2 个 Viewer 视窗中分别加载待校正的无人机正射影像置于左侧(本例为"TrueOrtho_ RGB.tiff")和参考图像置于右侧(本例为"Google_ 20180105.tiff")。

②在打开待校正无人机正射影像的 Viewer 视窗的菜单栏,依次单击"Raster"→"Geometric Correction",在出现的"Set Geometric Model"界面(图 5-27)中单击"Polynpmial"(利用多项式系数进行图像之间的几何校正),再单击"OK"。

③在"Polynomial Model Properties(No File)"界面按默认设置"Polynomial Order"数值为"1"(即一阶多项式模型,适用于地形较为平坦的情况),单击"Close"。

④随后在出现的"GCP Tool Reference Setup"界面(图 5-28)选择"Existing Viewer",单击"OK",出现"Viewer Selection Instructions"窗口(提示选择已打开的参考图像窗口位置),单击右侧参考图像视窗的图像区域,出现"Reference Map Information"(参考图像的投影信息),单击"OK"。

⑤完成上述参数选择后,启动几何校正主界面(图 5-29),在"GCP Tool"窗口中将⑩设定为未选择状态(默认为选择状态,取消自动选点和计算)。

图 5-27　几何校正模型选择

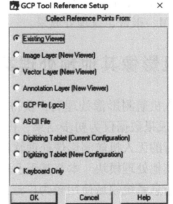
图 5-28　选择参考图像

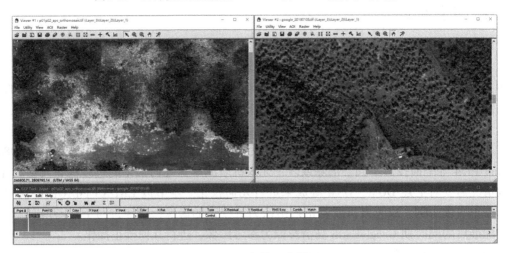
图 5-29　几何校正主界面

(2) 选取地面控制点(GCP)

地面控制点的合理选择对于几何校正的最终结果将产生重要影响。

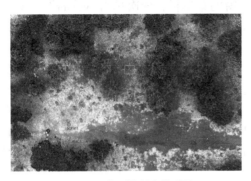

图 5-30　地面控制点的选取

①在左侧待校正无人机正射影像视窗和右侧参考图像视窗选取明显的、清晰的同名地物点，同时注意选取的地物应稳定(不随时间而变化)，在待校正影像的空间上分布应尽量均匀，数量应充分(图 5-30)。多项式校正模型方法的地面控制点选取的最少数量按公式 $GCP_{min}=(t+1)(t+2)/2$ 计算。本例选取了 13 个(按公式最少应 3 个)。

②完成地面控制点的选取后，单击"GCP Tool"窗口中的 $\sum$ 计算 RMS 误差(均方根)，每个地面控制点的"RMS Error"栏数值应小于 1(校正误差控制在 1 个像元内)。若其中部分

"RMS Error"值大于 1，则可通过删除"RMS Error"较大值的点并继续选取新的地面控制点进行调整和修正，最终使所有点的"RMS Error"值均小于 1，如图 5-31 所示。

Point #	Point ID	> Colo	X Input	Y Input	> Colo	X Ref.	Y Ref.	Type	Residu	Residu	RMS Error	Contrib.	Match
1	GCP #1		379277.240	241357.736		70852.668	3238923.219	Control	-0.064	0.183	0.194	0.725	
2	GCP #2		411679.015	238981.698		02170.224	3231041.497	Control	-0.065	-0.033	0.073	0.275	
3	GCP #3		412777.426	281890.788		10633.001	3273099.480	Control	0.055	-0.281	0.286	1.073	
4	GCP #4		385522.728	287462.184		84957.957	3283268.293	Control	-0.022	-0.074	0.077	0.290	
5	GCP #5		397027.568	264800.536		92294.175	3258975.193	Control	-0.036	0.089	0.096	0.358	
6	GCP #6		414080.238	254254.216		07160.641	3245658.468	Control	0.351	-0.006	0.351	1.314	
7	GCP #7		387358.622	260558.688		82101.789	3256450.783	Control	0.098	-0.258	0.276	1.034	
8	GCP #8		393857.264	242990.000		85413.166	3238044.667	Control	0.090	-0.183	0.204	0.764	
9	GCP #9		411660.593	259243.831		05651.799	3250988.420	Control	-0.414	0.260	0.489	1.831	
10	GCP #10		398782.798	285119.391		97508.114	3278690.432	Control	0.008	0.305	0.305	1.142	

图 5-31　计算 RMS 误差

③完成地面控制点选取和 RMS 误差计算后，可保存地面控制点信息。在"GCP Tool"窗口中依次单击"File"→"Save Input As"和"File"→"Save Reference As"，将地面控制点信息分别保存。

④单击"Geo Correction Tools"界面中的 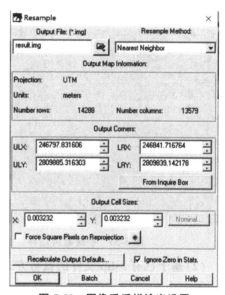 进行图像重采样输出设置（图 5-32）。在"Output File"中设置输出结果的保存路径；在"Resample Method"中选择默认的"Nearest Neighbor"（最近邻重采样方法）；在"Output Cell Sizes"中设置重采样后像元的大小；勾选"Ignore Zero in Stats"（忽略零值统计），"OK"，软件随即进行几何校正和重采样。

(3) 校正结果的检查

在同一 Viewer 视窗中同时加载上述校正后的影像和参考影像，在 Viewer 窗口中的菜单栏依次单击"Utility"→"Swipe"，出现"Viewer Swipe"界面，查看几何校正后 2 幅影像在相同位置处的叠合情况。

图 5-32　图像重采样输出设置

5.5.2　图像裁剪

完成上述几何校正后，可继续对其结果进行图像裁剪，去除不需要的区域，以减小文件占用空间。图像裁剪一般包含两种方式：①手绘多边形或矩形等形状进行裁剪；②基于已有的矢量边界文件进行裁剪。本节以 ERDAS IMAGINE 软件的图像裁剪模块为例，以几何校正后的无人机航测正射影像为待裁剪的影像，进行图像裁剪操作。

(1) 手绘多边形裁剪方式

①启动 ERDAS IMAGINE，在 Viewer 视窗中加载待裁剪的影像（本例为"TrueOrtho_RGB.tiff"），在图像区域右键单击，在快捷菜单中选择"Fit Image To Window"调整图像显示的范围。

②在 Viewer 视窗的菜单栏依次单击"AOI"→"Tools"，出现 AOI（Area of Interest，感兴趣区域）工具箱，在 AOI 工具箱中单击选择需要使用的多边形选取工具，本例选取 ▱（手绘多边形工具），用鼠标在 Viewer 视窗的影像区域手工绘制所需裁剪的区域，生成一个多

边形框,如图 5-33 所示。

③在 Viewer 视窗的菜单栏依次单击"File"→"Save"→"AOI Layer As",出现"Save AOI As"对话框,将上述手绘的多边形保存为一个 .aoi 格式的文件,本例设置为"D:\polygon.aoi",关闭 Viewer 视窗。

④在 ERDAS IMAGINE 图标栏依次单击"DataPrep"→"Subset Image",出现 Subset 界面(图 5-34),在左上方的"Input File"选择待裁剪的正射影像,在右上方的 Output File 设置裁剪结果的输出路径及文件名称,勾选"Output Options"中的"Ignore Zero in Output Stats",在 Subset 界面下方单击"AOI"按钮,出现"Choose AOI"对话框,选择"AOI File",定位至事先存储 AOI 的路径(本例为"D:\polygon.aoi"),单击"OK"完成图像裁剪过程。

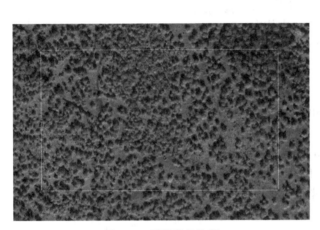

图 5-33　手绘裁剪边界

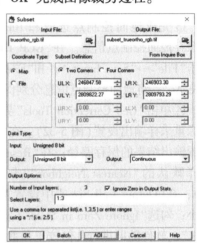

图 5-34　Subset 设置

(2)基于已有 .shp 文件的裁剪方式

①启动 ERDAS IMAGINE,在 Viewer 视窗中加载已有的 .shp 矢量边界图层(**注意:**此 .shp 矢量边界图层与待裁剪的正射影像的投影应一致),本例为"D:\Renge.shp"。在图像区域右键单击,在快捷菜单中选择"Fit Image To Window"调整图像显示的范围。

②在 Viewer 视窗的菜单栏依次单击"AOI"→"Tools",出现 AOI 工具箱,单击矢量多边形内部任意区域,选中多边形边界(被选中的多边形颜色变为亮黄色)。在 AOI 工具箱单击,矢量多边形的边界变为虚线,然后在 Viewer 视窗的菜单栏依次单击"File"→"Save"→"AOI Layer As",出现"Save AOI As"对话框,将上述多边形边界保存为一个 .aoi 格式的文件,本例的设置为"D:\vector.aoi",关闭 Viewer 视窗。

③在 ERDAS IMAGINE 图标栏中依次单击"DataPrep"→"Subset Image",出现 Subset 界面,在左上方的 Input File 选择待裁剪的正射影像,在右上方的 Output File 设置裁剪结果的输出路径及文件名称,勾选"Output Options"中的"Ignore Zero in Output Stats",在 Subset 界面下方单击"AOI"按钮,出现"Choose AOI"对话框,选择"AOI File",定位至事先存储 AOI 的路径(本例为"D:\vector.aoi"),单击"OK"完成图像裁剪过程。

5.5.3　投影变换

投影变换(projection transformation)是将一种地图投影点的坐标变换为另一种地图投影

点的坐标的过程,其实质是建立2个平面场之间及邻域双向连续点的一一对应关系。通常的投影变换包括3种方法:①解析变换法,即找出2个投影间的解析关系式;②数值变换法,即根据2个投影间的若干离散点或称共同点,运用数值逼近理论和方法建立其函数关系,或直接求出变换点的坐标;③数值解析变换法,将上述两类方法相结合的投影变换方法(汤国安等,2020)。

不同信息源的各类图层可能存在缺少投影信息或投影不一致的情况。例如,各类星载遥感影像、无人机航测影像的投影一般为 WGS 1984,地形图的投影一般为 Beijing 1954 或 Xian 1980 等。有必要进行投影定义、投影变换,以实现各类图层投影信息的一致性。

(1) 投影定义

指按照该图层原有的投影方式,为数据添加投影信息。例如,某图层是基于某投影建立的,但该图层文件缺乏投影信息,在此情况下应对该图层定义投影。具体操作步骤:

①在 ArcMap 中加载该图层,在图像显示区域右击,单击快捷菜单中的"Data Frame Properties",切换至"Coordinate System"选项卡,查看该图层原有的投影信息,本例为"Unknown"(未知投影)。

②在 ArcMap 的"ArcToolbox"依次选择"Data Management Tools"→"Projections and Transformations"→"Define Projection",运行定义投影工具;单击 ⊕▼ 选择定义投影的方式:"New"(新建坐标系统),定义地理坐标系统(geographic coordinate system)包括定义或选择参考椭球、测量单位和起算经线,定义投影坐标系统(projected coordinate system)需要选择投影类型、设置投影参数及测量单位等;"Import"(导入投影),导入与某一图层相同的投影。

(2) 投影变换

将一种地图投影转换为另一种地图投影,包括投影类型、投影参数或椭球体等的改变。WGS 1984 坐标是采用经纬度表示的,而林业领域常用的 Beijing 1954 坐标或 Xian 1980 坐标是经过高斯投影的平面直角坐标,以米(m)为单位表示。显然,WGS 1984 与 Beijing 1954 坐标、Xian 1980 坐标是不同的大地基准面、不同的参考椭球体。将无人机航测影像图层(WGS 1984 坐标)叠加到 Beijing 1954 坐标或 Xian 1980 坐标的图层上时,就会发现无人机航测影像图层不能准确的在其应在的位置,即与实际位置发生了偏移,故此需要进行投影转换。需要注意的是,在不同椭球体之间的转换是不严密的。那么,两个椭球体间的坐标转换应该如何实现呢? ArcGIS 中提供了七参数和三参数两种较为常用的转换方法。

①七参数法。较为精准严密,即 3 个平移因子(X 平移、Y 平移、Z 平移)、3 个旋转因子(X 旋转、Y 旋转、Z 旋转)、一个比例因子(又称尺度变化 K)。国内七参数法的参数来源途径不多,通行的做法是在作业区内找到 3 个及以上的已知点,利用已知点的 Beijing 1954 坐标或 Xian 1980 坐标与所测得的 WGS 1984 坐标通过数学模型求解七参数。

②三参数法。是七参数法的特例,若作业区范围不大,最远点间的距离不大于 30 km(经验值),可使用三参数法,即只考虑 3 个平移因子(X 平移、Y 平移、Z 平移),将旋转因子及比例因子(X 旋转、Y 旋转、Z 旋转、尺度变化 K)均视为"0"。在 ArcMap 的"ArcToolbox"中,投影变换工具分为栅格(raster)和矢量(features)两种类型。

5.5.4 空间量算

二维 GIS 的空间实体类型包括点、线、面。利用地理信息系统软件可实现对点、线、面各参数的空间量算。本节以 ArcGIS Desktop 软件为平台，以经过上述几何校正、图像裁剪后的正射影像为基础底图，分别进行点、线、面各参数的空间量算操作。

(1) 点的量算

①建立点状图层。运行 ArcMap，加载正射影像图，单击图标工具▣，在 ArcMap 界面右方出现"Catalog"，在新建点状图层的存储路径文件图标右键单击，在右键菜单中依次单击"New"→"Shapefile"，设置新建点状图层的文件名称及类型、投影等。本例设置新建点状图层的文件名称为"点"、类型为"Point"、投影设置为"WGS_1984_UTM_48N"（单击"Spatial Reference"下方的"Edit"，继续单击▣▼→"Import"，选择正射影像图），单击"OK"。

②编辑点状图层。单击 ArcMap 图标工具▣，在出现的"Editor"工具条依次单击"Editor"→"Start Editing"，启动对点状图层的编辑功能；单击"Editor"工具条中的▣，在 ArcMap 界面右方出现"Create Features"界面，单击▣Point 在图像显示区域添加点要素，添加完成后依次单击"Editor"→"Save Edits"保存编辑结果，退出编辑状态。

③添加属性表字段。在 ArcMap 界面左侧的图层列表区域右键单击点状图层，在右键菜单单击"Open Attribute Table"，在出现的"Table"界面左上方依次单击▣▼→"Add Field"，根据需要添加字段，本例如图 5-35 所示。

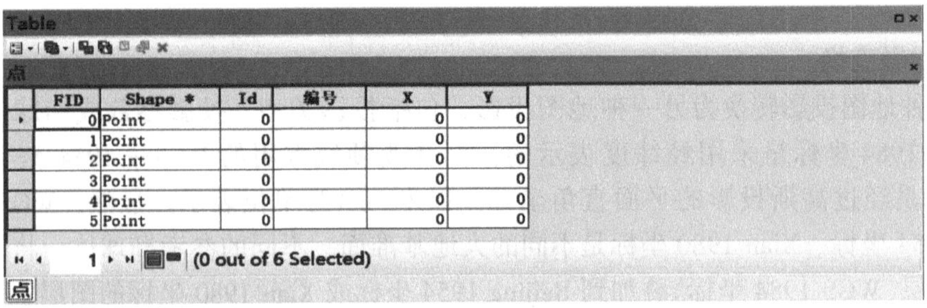

FID	Shape *	Id	编号	X	Y
0	Point	0		0	0
1	Point	0		0	0
2	Point	0		0	0
3	Point	0		0	0
4	Point	0		0	0
5	Point	0		0	0

图 5-35 添加字段

④编辑属性表。重复上述②启动对点状图层的编辑功能，可向属性表中输入各项信息。

⑤自动量算各点的 X/Y 坐标。在需要填充的字段图标上（本例以 X 字段为例）右键单击，在快捷菜单单击"Calculate Geometry"，根据需要设置对应的填充信息，本例如图 5-36 所示。重复此操作，继续完成 Y 字段的自动量算。

(2) 线的量算

与上述点的量算过程相似，经过新建线状图层、添加线要素、添加属性表字段、编辑属性表等过程，可实现对线状要素的长度、起点 X/Y 坐标、终点 X/Y 坐标、中心点 X/Y 坐标的自动量算。

(3) 面的量算

与上述点的量算过程相似，经过新建面状图层、添加面要素、添加属性表字段、编辑

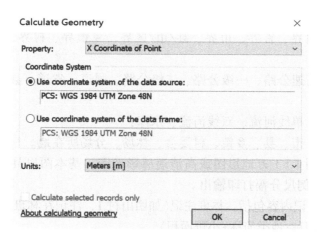

图 5-36 添加字段

属性表等过程，可实现对面状要素的面积、周长、中心点 X/Y 坐标的自动量算。

5.6 林业地图制图

林业地图是以林业及其相关内容为表示对象的一类地图，是将一定范围内林业用地上的物体用特定符号缩绘在平面上的图形。林业地图按内容可以分为林业资源图、林业规划设计图、林业工程技术图和林业其他专题图 4 大类。林业资源图具体包括基本图、林相图、森林分布图。林业规划设计图具体包括区域规划图、林业局(场)总体设计图、造林规划设计图等。林业工程技术图具体包括场(厂)址、贮木场、木材转运场等平面布置图、水库绿化工程设计图、城市绿化平面布置图等。林业其他专题图具体包括森林病虫害分布图、林业企事业布局图、林业区划图等。

林业工作离不开地图，林业管理部门需要制作和使用林业地图，以满足森林资源动态监测和经营管理的需要。通过林业无人机航测可以获得林区高清遥感图像数据，结合森林区划及基础地理信息数据，利用 ArcGIS 的制图功能，可以进行林业地图制图，为林业生产单位提供高质量、精准、实时的林业专业图件，其承载的丰富的地表和森林资源信息有助于提高林业生产单位的经营管理水平。本节以应用最为广泛的基本图、林相图和森林分布图为例，归纳林业地图制图的相关规范，为基于无人机航测影像的林业地图制图提供参考。

5.6.1 基本图

基本图是为林业各部门从事勘测、规划、设计及管理所提供的基础地形图件，以自然条件、社会经济一般特征、林业测绘调绘成果为主要内容，是反映制图区域林业现状和区划的专题地图。基本图是根据地形图或遥感影像、航空照片为基础底图，对行政区划界线、林班界、小班界、林班注记、小班注记及山脉、道路、河流、居民点等地物区划绘制而成。

基本图包含基础地理信息图层、小班图层和基础底图。其中，基础地理信息图层具体包含：

①行政界线：国界、省界、市界、县/市/区界、乡镇界、村界、林场界、分场界、林班界、小班界；

②交通线路：高速公路、一级公路、二级公路、国道、省道、县道、乡村公路、林区公路、铁路；

③河流和水库：单线河流、双线河流、水库；

④居民地：省、市、县、乡镇、村委会、林场、分场所在地。

基础底图多采用1：1万地形图或高清遥感影像图。基本图以县级林草局或林场为单位，按1：1万比例尺分幅打印输出。

基本图的主要注记内容包括：林班注记（如团山村1，注记在林班的中心）；小班注记（小班号+优势树种简称/地类简称+小班面积）。

5.6.2 林相图

林相图是县级林草局或林场森林资源规划设计调查的主要成果之一，也是经营利用规划材料的重要组成部分，其内容着重表示森林资源、林分结构和地类信息，反映森林生态特征、分布和资源利用的现状。

林相图包含的图层信息与基本图一致。以乡镇（分场）为单位编制，采用1：1万地形图作为基础底图，林相图比例尺多采用1：2.5万打印输出。

林相图的主要注记内容包括：林班注记（如团山村1，注记在林班的中心）；小班注记（小班号/面积/优势树种简称+造林年度，或小班号+面积/地类）。

林相图以地类或优势树种+龄组为依据，根据《林业地图图式》（LY/T 1821—2009）规定的林相色标进行着色。

5.6.3 森林分布图

森林分布图是以县级林草局或林场为单位，以森林资源分布状况和森林经营单位区划状况为主要内容，为制定林业规划、林区开发顺序和林业生产布局等服务的图面资料。

森林分布图表达的主要内容与林相图相近，不需要地形图作为基础底图。随着GIS制图技术的发展，常有用1：5万DEM渲染图作为底图来表现地形地貌。以县级林草局或林场为单位绘制，无硬性规定制图比例尺，一般以A0图幅能够完整打印为宜。

森林分布图的主要注记内容包括：林场驻地、分场驻地、县驻地、乡镇驻地、村驻地、林班号。不注记小班信息。

森林分布图着色参照林相图着色，根据《林业地图图式》（LY/T 1821—2009）规定的林相色标进行着色。

思考题

1. 常用的无人机航测影像预处理软件有哪些？

2. 利用 Pix4Dmapper 软件能够获得哪些无人机影像预处理成果？
3. 简述利用 Pix4Dmapper 软件进行无人机影像预处理的主要步骤。
4. 利用 Menci APS 软件能够获得哪些无人机影像预处理成果？
5. 简述利用 Menci APS 软件进行无人机影像预处理的主要步骤。
6. 利用 PhotoScan 软件能够获得哪些无人机影像预处理成果？
7. 简述利用 PhotoScan 软件进行无人机影像预处理的主要步骤。
8. 为什么需要对遥感影像进行几何校正？简述几何校正的步骤。

参考文献

陈鹏飞，徐新刚. 无人机影像拼接软件在农业中应用的比较研究[J]. 作物学报，2020，46(7)：1112-1119.

代婷婷，马骏，徐雁南. 基于 Agisoft PhotoScan 的无人机影像自动拼接在风景园林规划中的应用[J]. 南京林业大学学报(自然科学版)，2018，42(4)：165-170.

国家林业局，林业地图图式：LY/T 1821—2009[S]. 北京：中国标准出版社，2009.

国家林业局，森林资源规划设计调查技术规程：GB/T 26424—2010[S]. 北京：中国标准出版社，2011.

黄军胜. 无人机影像特征匹配算法比较研究[J]. 测绘与空间地理信息，2019，42(10)：191-193，198.

李忠强，王瀚宇，刘婷婷，等. 基于 Pix4Dmapper 的无人机数据自动化处理技术探讨[J]. 海洋科学，2018，42(1)：39-44.

汤国安，杨昕. ArcGIS 地理信息系统空间分析实验教程[M]. 2版. 北京：科学出版社，2020.

王慧. 浅谈利用 PhotoScan 与一键快拼软件制作正射影像的区别[J]. 测绘与空间地理信息，2018，41(7)：120-121，125.

相涛，栾元重，许章平，等. 基于 Pix4Dmapper 的无人机低空摄影测量数据处理[J]. 测绘与空间地理信息，2019，42(3)：75-78.

徐永胜，杨玉泽，林文树. 基于不同拼接算法的无人机林区影像拼接效果研究[J]. 森林工程，2020，36(1)：50-59.

杨卫，刘晓阳. 利用无人机获取林区 DSM 的方法[J]. 资源信息与工程，2019，34(6)：66-68.

杨昕，汤国安，邓凤东，等. ERDAS 遥感数字图像处理实验教程[M]. 北京：科学出版社，2019.

周乃恩，贺少帅，沈宏鑫. 基于 Pix4Dmapper 的应急测绘数据处理技术研究[J]. 地理空间信息，2019，17(5)：32-35，4.

中篇

森林信息提取

第 6 章

基于 UAV 的冠幅提取技术

6.1 概述

树冠是树种识别、蓄积量估算、树木生长活力判断以及树木健康状况监测的重要指标。冠幅(crown)指树冠宽度的大小，测量单位是米(m)。传统的单木冠幅量测一般在现地使用皮尺测定树冠南北及东西方向(或最长及最短方向)的直径，计算其算数平均值表示单木冠幅大小。传统冠幅测量的工作量大、成本高，调查精度受人为操作的影响较大。应用无人机遥感技术能够获取林分的高清遥感影像，较直观反映林分或单木的冠幅信息。研究并建立基于无人机遥感的冠幅提取技术，将大幅降低外业调查的工作量，提高调查效率，保证精度。同时，基于冠幅可进一步提取株数密度、郁闭度等因子；建立冠幅与胸径的线性/非线性拟合关系可进一步估算胸径。可见，基于无人机遥感的冠幅提取能够实现对胸径、冠幅、株数密度、郁闭度等常用林分调查因子的精准提取，在森林资源调查领域具有重要意义。

国内外学者在基于无人机遥感的冠幅提取方面已取得了诸多进展。无人机光学遥感和激光雷达技术的发展为冠幅的精准测量提供了新的手段。利用光检测和激光测量技术，可估算林分层次上的树冠信息，如树冠的面积和形态等(Panagiotidis et al., 2017)。基于无人机遥感的冠幅提取精度主要受郁闭度、树种以及背景噪声等因素的影响。Culvenor et al. (2002)利用高空间分辨率遥感影像邻域辐射最大值和最小值特征提取树冠轮廓，并采用自上而下的搜索聚类方法，完成了树冠信息的提取。Katoh et al. (2009)使用谷地跟踪算法提取了航空影像的单木冠幅，有效区分了针叶纯林中的树冠和阴影。Jing et al. (2012)改进了多尺度分割影像的方法，首先确定树冠区域大小，然后通过对高斯滤波器过滤后的灰度影像，使用分水岭算法分割冠幅，得到了高质量的冠幅提取结果。樊江川(2014)利用立体像对法和面向对象分割的方法提取单木冠幅，精度分别达 92.19% 和 94.31%。甄贞等(2016)利用动态窗口局域最大值法对针叶林和阔叶林样地的单木位置进行识别，并采用标记控制区域生长法进行树冠边界提取，针叶林和阔叶林冠幅提取的相对误差分别为 8.74% 和 −8.24%。李亚东等(2017)利用无人机航测系统获取的数字正射影像(DOM)，采用分水岭算法分割了树冠信息，冠幅提取精度达 86.98%。董新宇等(2019)通过引入 DBI 指数自动化确定 K-means 聚类的最优数目，对无人机影像像素进行标记，利用高斯-马尔可夫随机场模型对无人机影像进行分割得到单木冠幅信息,其单木冠幅的提取精度分别达81.90%和95.65%。

然而,森林结构的复杂性和随机性,为单木冠幅参数的提取带来了一定挑战。基于无人机遥感的冠幅提取存在影像分割不稳定、识别率低等问题。近年来,树冠检测和分割方法不断改进并与机器学习技术相结合,取得了较好效果。基于无人机遥感对冠幅参数提取的研究多集中于中、低郁闭度林分和特定的树种及立地条件。针对不同森林类型、不同郁闭度等级的林分,运用不同的技术方法达到最优的冠幅参数提取精度将是未来研究的重点和难点。

6.2 相关技术方法

对于 UAV-DOM 影像,以其超高的空间分辨率可以获取更清晰、更精确的树冠细节。同时,出现了单木冠内的光谱异质性增大而造成严重的过分割、错分割问题,主要是其丰富的冠内细节、强烈的颜色和纹理异质性不适合采用常规的冠幅分割方法。单木冠幅分割主要分为两个过程:一是单木冠幅探测,其目的是找到每个树冠所在的空间位置,是单木冠幅提取的基础;二是单木冠幅描绘,是在已知单木冠幅中心点的基础上完成的。基于无人机影像的冠幅提取技术流程如图 6-1 所示。

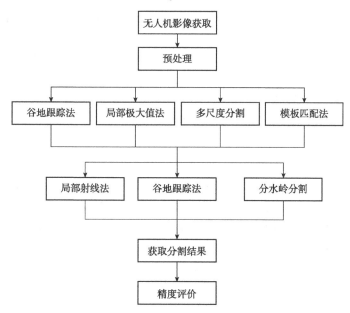

图 6-1 基于无人机影像的冠幅提取技术

6.2.1 单木冠幅探测

常用的单木冠幅探测方法包括两种类型:一种是以探测窗口范围内光谱最大值作为冠幅中心点,再以中心点为参考探测冠幅边界,如局部最大值法,但阔叶树常存在一个树冠有多个最高点的情况;另一种是基于树冠轮廓进行冠幅探测,弥补了局部最大值法的缺陷,对针叶林和阔叶林均适用,如多尺度分割法和谷地跟踪法等。除了上述探测冠幅中心点方法外，也可使用目视解译方法找出冠幅中心点并描绘树冠轮廓，但工作量大。

(1) 局部最大值法

该方法需要定义一定尺寸的移动窗口以搜索冠幅，并以图像中的局部光谱最大值点作为冠幅中心点，参照冠幅中心点勾绘冠幅轮廓。局部最大值法又分为固定窗口大小和自适应窗口大小两种类型。固定窗口局部最大值法所用的移动窗口大小是固定不变的。根据遥感图像的空间分辨率和冠幅的平均大小，用户需自定义移动窗口的大小。需要注意的是，对于冠幅变化范围较大的林分，大移动窗口容易漏掉小冠幅林木，而小移动窗口则会造成误差的累积。因此，有必要通过与冠幅对应的可变窗口检测局部最大值。自适应窗口无固定大小，可根据不同情况自动调整，适用于异龄林的冠幅提取。

(2) 多尺度分割法

该方法是一种自下而上的分割方法。在保证对象与对象之间平均异质性最小、对象内部之间同质性最大的前提下，基于区域合并技术实现影像分割（图6-2）。影像分割的尺度不同，产生的对象大小也不相同。尺度过大会使提取的冠幅包含林间空地、阴影等，尺度过小则可能使单木冠幅过于细碎。同时，平滑度与紧致度的权重在很大程度上影响分割效果。分割尺度越小导致同一地物类别对象之间差异性增加，不同地物类别对象之间的异质性反而降低，不利于分类识别和信息提取，

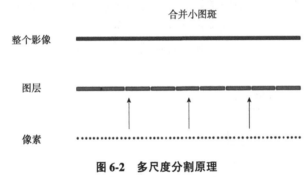

图6-2 多尺度分割原理

故多尺度需要在分割尺度和分类精度之间寻找平衡点。

(3) 谷地跟踪法

该方法是通过跟踪冠幅边界的最小光谱值检测和描绘冠幅轮廓。该方法利用一个简单的阈值区分森林和非森林区域，然后用3×3的移动窗口搜索森林区域的局部最小值。当移动窗口中心像元的光谱值小于周围像元时，将其视为局部最小值；最后扫描整个图像，扫描局部最小值时，自动检查局部最小值周围的像元，光谱值小于两侧的点作为谷点。整个图像以不同的顺序重复扫描，直到没有找到新的谷点。该方法并不能在所有情况下都取得良好的冠幅提取效果，对郁闭度较高的林分其冠幅提取精度较低。

6.2.2 单木冠幅描绘

单木树冠描绘的目的是以探测到的冠幅中心点为参照，自动寻找冠幅边界，将冠幅描绘成闭合的多边形。单木冠幅描绘包括分水岭算法、区域生长法和局部射线法等。

(1) 分水岭算法

该方法是由 Vincent et al.（1991）提出的一种基于拓扑理论的数学形态学分割方法。其基本原理为：在每一个局部最小值表面刺穿一个小孔，将整个模型浸入水中，随着浸入的加深，每一个局部最小值的影响域向外扩展，在2个集水盆汇合处构筑大坝，即形成分水岭（图6-3）。分水岭算法存在如下缺点：

① 对图像中的噪声极为敏感。由于分水岭算法通常将梯度图像作为输入图像，而原始图像的噪声对于图像的梯度有直接影响，会造成分割的轮廓偏移现象。

② 易于产生过分割。图像的噪声或者物体表面细微的灰度变化，均会使传统的算法检测的局部极值过多，造成分割后的图像出现大量的细碎区域。

③ 对比度低的图像经过分割容易失去重要轮廓。Meyer 和 Beucher 对分水岭算法进行了改进，引入用户定义的"标记"到分水岭算法中，以避免过度分割问题。标记控制分水岭分割方法的关键在于树冠顶点和冠幅轮廓的正确识别。

（a）深度侵水

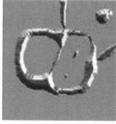
（b）短坝的形成

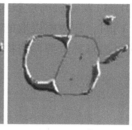
（c）长坝的形成

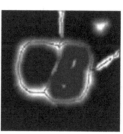
（d）分水岭的形成

图 6-3　分水岭分割原理

（2）区域生长法

该方法包括两种方式：一种是先在图像中给定待分割对象的一个种子，然后与种子周围各像元的光谱值对比，寻找足够多的相似像元，将其合并成一个区域，并不断增长，以达到冠幅分割的目的。种子的选择可以人工选择，也可自动选取。此法计算过程简单，速度快，适用性较强。在单木冠幅描绘中很多研究均使用该方法。另一种是先将图像分割成很多的一致性较强的小区域，再按一定规则将小区域融合成大区域，达到分割图像的目的。区域生长法的缺点是会造成过度分割，即将图像分割成过多的区域。图 6-4 为种子生长的实例。图 6-4(a) 为待分割的图像，假设已知 2 个种子像素需要增长，如果考虑的像素与种子像素灰度值小于阈值 T，则将该像素归并为种子像素所在区域。图 6-4(b) 为 $T=3$ 的区域生长结果，被分为了 2 个区域。图 6-4(c) 为 $T=1$ 时的区域生长结果，其分割结果不理想。图 6-4(d) 为 $T=6$ 时的区域生长结果，整个图像被分为一个区域。

（a）待分割图像　　（b）$T=3$ 时区域生长结果　　（c）$T=1$ 时区域生长结果　　（d）$T=6$ 时区域生长结果

图 6-4　区域生长实例

（3）局部射线法

以树冠的顶点为中心，向冠幅边缘发出若干条局部射线，判定每一条射线中灰度的变化率，以每条射线中灰度变化率最大值的点作为冠幅边界点。局部射线法较多地用于冠幅探测研究中，检验局部最大值点的周围能否找到冠幅边界，从而对最初的局部最大值滤波结果进行筛选。局部射线法的冠幅探测精度可达90%以上，优于传统的固定窗口局部最大滤波法。

6.3 典型案例分析

本节以天然云南松纯林为对象，在开展标准地调查（共13个）的基础上，获取了无人机可见光遥感影像，经过无人机影像的预处理，生成正射影像（DOM）、数字表面模型（DSM）、数字地形模型（DTM）及冠层高度模型（CHM），进行了基于无人机可见光遥感影像的冠幅提取技术研究；同时，在冠幅提取的基础上，研究了株数密度及郁闭度的估算和提取方法。上述技术方法可为森林资源调查提供有益参考。

6.3.1 外业调查及影像采集

(1) 实验区简况

实验区位于低山丘陵区，地势起伏较大，土壤为红壤，气候属典型的低纬度亚热带高原季风气候，日照充足，天晴少雨。年均气温15.8℃，年均降水量847mm。实验区内的森林植被以天然云南松纯林为主，树种组成结构较简单（图6-5）。

(a) 实验区无人机影像　　　　　　(b) 实验区典型群落

图6-5　实验区位置及典型群落照片

(2) 标准地调查

依据森林资源规划设计调查技术规定，将林分按郁闭度等级划分为3级：Ⅰ级（低郁闭度，0.20~0.39）、Ⅱ级（中郁闭度，0.40~0.69）、Ⅲ级（高郁闭度，0.70以上）。对实验区进行全面踏查，现地选取有代表性的典型地块设置标准地，标准地大小为25 m×25 m，共调查标准地13个，样木203株。使用罗盘仪测量方位角、皮尺测量水平距离进行标准地周界测量；对标准地内胸径≥5.0 cm的所有活力木进行每木检尺，实测每木树高和最长、最短冠幅，并对每木进行相对定位（罗盘仪测量方位角、皮尺测量水平距离），如图6-6所示。

(3) 无人机影像采集

利用大疆Phantom 4 Pro无人机，基于DJI GO 4软件进行航线自动规划及影像自动采集工作。设定无人机的飞行高度为50.0 m，飞行速度为2.5 m/s，相机朝向平行于主航线，主航线上图像重复率为80%，主航线间图像重复率为60%，云台俯仰角度为-90°（垂直摄影），共获取了13个标准地的无人机影像，其中，Ⅰ级郁闭度4个，Ⅱ级郁闭度5个，Ⅲ级郁闭度4个。

图 6-6 标准地调查

6.3.2 影像预处理

利用 Pix4Dmapper 软件，对 13 个标准地的无人机航测原始影像进行预处理，生成正射影像(DOM)、数字表面模型(DSM)和数字地形模型(DTM)，处理方法详见本书第 5.2 小节；在此基础上，在 ENVI 中进行波段运算生成冠层高度模型(canopy height model, CHM)。主要结果如图 6-7 所示(限于篇幅，以 1 号标准地为例)。

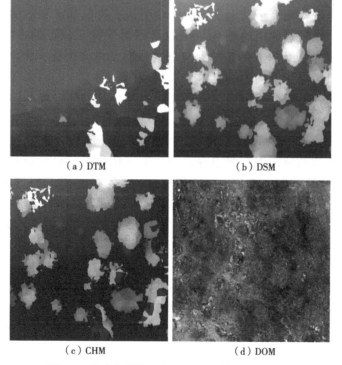

图 6-7 无人机影像预处理(以 1 号标准地为例)

6.3.3 单木冠幅分割

(1) 去噪

无人机遥感影像在数字化过程中常受到成像设备与外部环境噪声干扰等影响,分水岭分割算法对噪声极为敏感。采用边缘算子检测无人机遥感影像边缘,利用此特征可以分割图像。在此基础上,利用函数 Strel 创建结构元素,填补空洞,利用 Bwareaopen 函数去噪,消除噪声影响。去噪前后对比如图 6-8 所示。用于边缘检测的算子主要有 Sobel 算子、Prewitt 算子和 Canny 算子等。

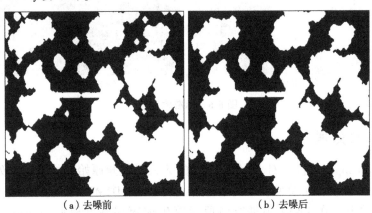

(a) 去噪前　　　　　　　　(b) 去噪后

图 6-8　去噪处理(以 1 号标准地为例)

①Sobel 算子。以离散型的差分算子运算图像亮度函数梯度的近似值,是典型的基于一阶导数的边缘检测算子。由于该算子中引入了类似局部平均的运算,因此对噪声具有平滑作用,能较好地消除噪声。Sobel 算子对于像元位置的影响做了加权处理,因此效果更佳。包含 2 组 3×3 的矩阵,分别为横向及纵向模板,将之与图像作平面卷积,即可分别得出横向及纵向的亮度差分近似值(图 6-9)。Sobel 算子未将图像主体与背景严格区分开来,没有严格地模拟人的视觉生理特征,故提取的图像轮廓有时并不能令人满意。

②Prewitt 算子。是一种一阶微分的边缘检测算子。利用像素点上下、左右邻点的灰度差,在边缘处达到极值以检测边缘,去掉部分伪边缘,对噪声具有平滑作用。其原理是在图像空间利用 2 个方向(水平和垂直)模板与图像进行邻域卷积来完成的(图 6-10)。该算子对噪声有抑制作用,抑制噪声的原理是通过像素平均实现。像素平均相当于对图像进行低通滤波,故该算子对边缘的定位不佳。Sobel 算子较 Prewitt 算子更能准确检测图像边缘。

③Canny 算子。是一个具有滤波、增强、检测的多阶段的优化算子,功能较前两者好,但其实现较为烦琐。在处理前,Canny 算子先利用高斯平滑滤波器平滑图像以除去噪声,采用一阶偏导的有限差分计算梯度幅值和方向,需要经过一个非极大值抑制的过程,最后采用 2 个阈值连接边缘。本实验采用 Canny 算子进行去噪处理(图 6-11)。

图 6-9　Sobel 边缘检测　　　图 6-10　Prewitt 边缘检测　　　图 6-11　Canny 边缘检测

(2) 开闭重建运算

①开运算。开运算是先腐蚀后膨胀的过程，在消除细小对象、纤细处分离对象、平滑较大对象边界的同时不显著改变其面积。通常在需要去除小颗粒噪声，以及断开目标对象间粘连时使用。其主要作用与腐蚀相似，具有基本保持目标对象大小不变的优点。

②闭运算。闭运算是先膨胀后腐蚀的过程，用以填充对象内的细小空洞、连接邻近对象、平滑其边界的同时不显著改变其面积。同时，区域的极大值和极小值均得到修正，减少和消除了分水线位置偏移和过分割现象(图 6-12)。

(3) 强制最小值

①利用函数 Bwdist 将图像转换为二值图像(图 6-13)。二值图像是指每个像素的 DN 值只有"0"或"1"两种可能，用一个由 0 和 1 组成的二维矩阵表示。"0"表征该像元处于背景，"1"则表征该像元处于前景。

②根据分水岭变换原理，对相关区域求取局部最小值，以此确定该最小值对应的分水线。利用函数 Imextendedmin 指定阈值设定的局部最小值，修改距离变换，获取图像的局部最小值(图 6-14)。

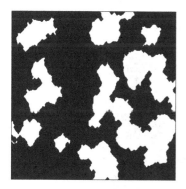 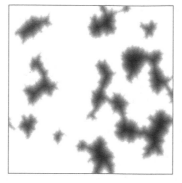 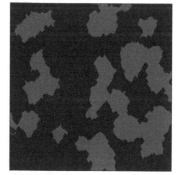

图 6-12　开闭重建运算　　　图 6-13　二值图像　　　图 6-14　强制最小值

(4) 标记控制分水岭分割

利用函数 Imimposemin 修改梯度幅值图像，突出局部最小值，最后在修改的梯度图像上运用分水岭分割算法进行分割，结果如图 6-15 所示；将分水岭分割结果叠加至正射影像上，结果如图 6-16 所示。

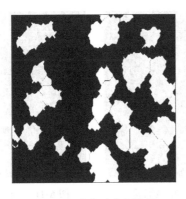

图 6-15　分水岭分割结果　　　图 6-16　与正射影像叠加结果

6.3.4 单木冠幅提取

在 Matlab 软件中采用基于树梢标记的分水岭分割算法，取得了较好的提取效果，如图 6-17 所示。多数树冠能被正确提取，但仍有接近匹配、合并、错分和漏分现象（图 6-18）。

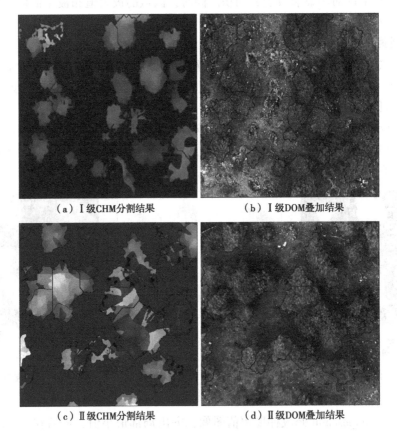

（a）Ⅰ级CHM分割结果　　　　　（b）Ⅰ级DOM叠加结果

（c）Ⅱ级CHM分割结果　　　　　（d）Ⅱ级DOM叠加结果

图 6-17　各郁闭度等级的冠幅分割结果(续)

(e) Ⅲ级CHM分割结果　　　　　　(f) Ⅲ级DOM叠加结果

图 6-17　各郁闭度等级的冠幅分割结果

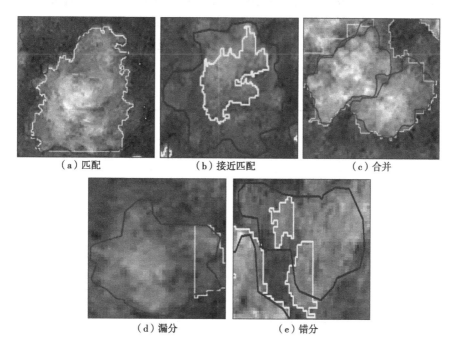

(a) 匹配　　　　　　(b) 接近匹配　　　　　　(c) 合并

(d) 漏分　　　　　　(e) 错分

图 6-18　单木冠幅分割情况

根据改进树梢标记控制分水岭分割算法与实地调查数据比较，将单木冠幅分割情况分成匹配、接近匹配、漏分、错分和合并 5 种。匹配即分割冠幅与真实冠幅的重叠面积占双方的 50% 以上；接近匹配即重叠面积占其中一方的 50%；漏分即真实冠幅 50% 面积内未分割冠幅；合并即分割冠幅中包括多个真实冠幅；当分割冠幅不存在对应的真实冠幅时则为错分。上述情形中，正确分割包括匹配和接近匹配，漏分误差包括漏分和合并，错分属于错分误差。13 个标准地共 203 株样木冠幅提取结果汇总见表 6-1。真实冠幅总数 203 株，提取冠幅总数 182 株，其中：正确分割 157 株，漏分 21 株，合并 16 株，错分 9 株。

表 6-1　单木冠幅分割结果

密度等级	真实冠幅	提取冠幅	正确分割	漏分	合并	错分
Ⅰ	46	44	39	2	3	2
Ⅱ	75	66	58	9	5	3
Ⅲ	82	72	60	10	8	4
合计	203	182	157	21	16	9

将 Matlab 中采用标记控制分水岭分割算法正确分割的冠幅进行平均冠幅和冠幅面积信息的自动提取，并与实地调查数据相比较，结果见表 6-2。在提取的 182 株林木中，冠幅和树冠面积跨度较大，冠幅最大值为 8.79 m，最小值为 2.06 m，平均值为 4.41 m；树冠面积最大值为 56.76 m²，最小值为 2.60 m²，平均值为 15.07 m²。在各郁闭度等级中，冠幅和树冠面积跨度最大的是Ⅲ级，最大、最小冠幅和树冠面积均出现在该郁闭度等级的林分中。

表 6-2　单木冠幅提取结果

类别	密度等级	提取值			实测值		
		最大值	最小值	平均值	最大值	最小值	平均值
冠幅(m)	Ⅰ	6.79	2.14	3.77	6.70	2.15	4.09
	Ⅱ	8.04	2.45	4.72	7.57	2.39	4.90
	Ⅲ	8.79	2.06	4.72	8.60	1.69	4.76
	合计	8.79	2.06	4.41	8.60	1.69	4.59
树冠面积(m²)	Ⅰ	29.22	2.60	10.55	32.97	2.92	12.09
	Ⅱ	42.98	2.75	17.59	44.11	3.15	18.57
	Ⅲ	56.76	2.60	17.02	55.22	2.05	18.43
	合计	56.76	2.60	15.07	55.22	2.05	16.44

6.3.5　精度评价

单木冠幅分割精度见表 6-3。总体样本的分割准确率为 86.34%，召回率为 77.45%，F 测度为 81.65%，且随着郁闭度等级的升高，单木冠幅分割精度降低。单木冠幅和树冠面积提取结果的精度较高，表明利用无人机遥感影像进行单木冠幅和树冠面积提取的方法可取得较理想的结果。

表 6-3　单木分割精度评价　　　　　　　　　　　　　　　单位:%

密度等级	准确率 P_d	召回率 P_r	F 测度
Ⅰ	88.64	84.78	86.67
Ⅱ	87.88	77.33	82.27
Ⅲ	83.33	73.17	77.92
合计	86.26	77.34	81.56

在自动提取的 182 株林木中,提取冠幅与实测冠幅的误差绝对值最大值为 1.22 m,最小值为 0.01 m,平均误差为 0.30 m;提取冠幅与实测冠幅相对误差绝对值最大值为 27.45%,最小值为 0.03%,平均值为 6.04%;提取冠幅面积与实测冠幅面积的误差绝对值最大值为 6.86 m²,最小值为 0,平均值为 1.62 m²;提取冠幅面积与实测冠幅面积的相对误差绝对值最大值为 35.95%,最小值为 0.01%,平均值为 11.23%;在各郁闭度等级中,提取冠幅面积的相对误差要比冠幅的相对误差大(表 6-4)。

表 6-4　各郁闭度等级单木冠幅提取误差分析

类别	密度等级	误差			相对误差		
		最大值	最小值	平均值	最大值	最小值	平均值
冠幅(m)	Ⅰ	-1.70	-0.07	0.46	-26.71	0.03	8.01
	Ⅱ	-1.39	0.01	0.27	-27.45	0.16	5.66
	Ⅲ	-1.23	-0.01	0.23	-20.59	-0.23	5.13
	总数	-1.22	0.01	0.30	-27.45	0.03	6.04
树冠面积(m²)	Ⅰ	-6.84	0.00	1.90	-38.13	0.01	15.51
	Ⅱ	-4.18	0.05	1.46	-23.88	0.30	9.21
	Ⅲ	-5.89	0.00	1.65	-36.11	-0.03	10.13
	总数	-6.86	0.00	1.62	-35.95	0.01	11.23

以实测冠幅和实测树冠面积分别为 x 轴,分水岭分割冠幅和树冠面积分别为 y 轴,建立一元线性回归模型(图 6-19),冠幅拟合模型为 $y=0.9694x-0.0333$,其 R^2 为 0.92;树冠面积拟合模型为 $y=0.966x-0.7401$,R^2 为 0.97,证明了提取冠幅与树冠面积结果较好,且提取值与实测值之间有明显的相关性,利用上述单木冠幅自动提取方法可以获得理想的提取结果。

6.3.6　株数密度及郁闭度提取

森林资源调查中用于说明立木间隔紧密程度的指标有 3 个:郁闭度、疏密度和株数密度。前 2 个用相对值表示,后 1 个用绝对值表示。

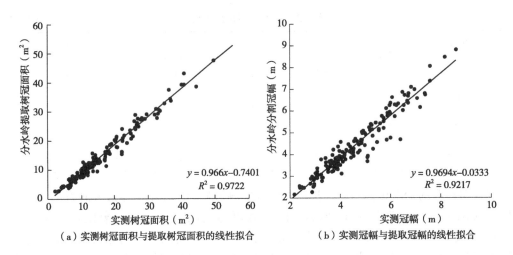

（a）实测树冠面积与提取树冠面积的线性拟合　　（b）实测冠幅与提取冠幅的线性拟合

图6-19　一元线性回归模型建立

(1) 株数密度

株数密度（tree density）指单位面积上的林木株数，是林学中常用的密度指标之一，该指标直接反映每株林木平均占有的林地面积和营养空间大小。林木株数的测定，可以通过标准地每木检尺直接测得，或通过量测平均株行距间接推算求得。本例依据本书第6.3.4小节的单木冠幅提取结果，可精确获得标准地内的林木株数，进而用如下公式换算株数密度：

$$TD = n/s \times 10\ 000 \tag{6-1}$$

式中　TD——株数密度，株/hm^2；

n——标准地内乔木树冠数量之和，株；

s——标准地面积，hm^2。

(2) 郁闭度

郁闭度（crown density）指森林中乔木树冠在地面的总投影面积与此林地总面积之比，是反映森林结构和森林环境的一个重要因子，可用于描述林木利用生长空间的程度。在森林经营中，郁闭度是小班区划、确定抚育采伐强度、判定是否为森林的重要因子。传统调查郁闭度的方法包括目测法、机械布点法、样线法、样点法和平均冠幅法等。一般地，在林内每隔一定距离布点若干个，在每个点上观测有无树冠覆盖，如有树冠覆盖记录为郁闭，如没有树冠覆盖，记录为无覆盖，最后统计林地内有树冠覆盖的点数，据此计算郁闭度。传统方法调查郁闭度存在工作量大、精度不高等问题。利用高空间分辨率的无人机遥感影像，可精准获得乔木树冠的投影面积。本例依据本书第6.3.4小节的单木冠幅提取结果，采用如下公式计算郁闭度：

$$CD = \sum CW_i/s \tag{6-2}$$

式中　CD——郁闭度；

CW_i——标准地内第 i 株单木乔木树冠的面积，m^2；

s——标准地面积，hm^2。

6.4 技术总结

6.4.1 几点讨论

①本实验单木冠幅分割结果与郑鑫等(2017)提出的基于形态学阈值标记分水岭算法相比，冠幅分割准确率提高了 21.72%，召回率提高了 20.40%，F 测度提高了 21.03%；与曾霞辉(2020)提出的基于无人机影像最大类间方差法标记分水岭分割算法相比，分割准确率提高了 4.22%，说明利用数学形态学滤波的标记控制分水岭分割算法在一定程度上能够提高冠幅分割的精度，验证了该方法在单木冠幅分割方面的适用性。

②本实验树冠面积提取精度与冯静静等(2017)利用数学形态学多尺度分割灰度梯度图像的精度相比降低了 1.87%。导致上述结果的主要原因是：计算冠幅面积时，利用椭圆面积代替树冠真实面积造成的误差(Yue et al.，2018)。提取冠幅和树冠面积与实测数据相比，提取冠幅的数值普遍小于实测数据。在进行形态运算时，冠幅边缘被弱化，导致标记控制分水岭算法未能精确识别及分割冠幅。同时，天然云南松纯林存在树冠重叠交错现象，利用无人机影像提取冠幅必然出现提取值偏小的现象。

③本实验采用的无人机可见光传感器仅包含 R、G、B 共 3 个波段，为更好地提取冠幅信息，可增设近红外、红边等波段信息，计算归一化植被指数($NDVI$)，对提高单木冠幅提取精度将具有重要作用。同时，更先进的分类器和多光谱、高光谱传感器的应用将使冠幅提取精度不断提升。

④森林冠层结构的复杂性对单木冠幅提取产生较大限制。在实际林分中，树冠重叠、乔灌交叉现象多。如何解决该类林分的冠幅信息提取是该领域的难点。

6.4.2 主要结论

本实验以天然云南松纯林为对象，基于无人机遥感影像，采用标记控制分水岭算法，分割和提取了冠幅和树冠面积 2 个参数。单木冠幅分割的准确率为 86.34%，冠幅相对误差平均值为 6.04%，冠幅面积的相对误差平均值为 11.23%，证明利用数学形态学滤波的强制最小值变换标记控制分水岭分割算法可以抑制过分割现象，利用本实验所采用的技术方法，可以有效、精确提取单木冠幅信息，能够满足森林资源调查的精度要求。

思考题

1. 什么是冠幅？简述冠幅的传统测量方法。
2. 简述利用无人机遥感影像提取冠幅的技术方法。
3. 常用的单木冠幅探测方法包括哪些？
4. 常用的单木冠幅描绘方法包括哪些？
5. 用于边缘检测的算子包括哪些？
6. 简述标记分水岭分割算法的技术原理。
7. 在进行单木冠幅提取时，为何首先将林分划分为不同郁闭度等级？

8. 简述基于无人机遥感影像的冠幅提取技术的发展方向。

参考文献

曾霞辉,王颖,曾掌权,等.无人机影像树冠信息提取研究[J].中南林业科技大学学报,2020,40(8):75-82.

董新宇,李家国,陈瀚阅,等.无人机遥感影像林地单株立木信息提取[J].遥感学报,2019,23(6):1269-1280.

樊江川.无人机航空摄影测树技术研究[D].北京:北京林业大学,2014.

冯静静,张晓丽,刘会玲.基于灰度梯度图像分割的单木树冠提取研究[J].北京林业大学学报,2017,39(3):16-23.

李亚东,冯仲科,明海军,等.无人机航测技术在森林蓄积量估测中的应用[J].测绘通报,2017(4):63-66.

甄贞,李响,修思玉,等.基于标记控制区域生长法的单木树冠提取[J].东北林业大学学报,2016,44(10):22-29.

郑鑫,王瑞瑞,靳茗茗.基于形态学阈值标记分水岭算法的高分辨率影像单木树冠提取[J].中南林业调查规划,2017,36(4):30-35,57.

CULVENOR D S. TIDA: an algorithm for the delineation of tree crowns in high spatial resolution remotely sensed imagery [J]. Computers & Geosciences, 2002, 28(1): 33-44.

JING L, HU B X, NOLAND T, et al. An individual tree crown delineation method based on multi-scale segmentation of imagery [J]. ISPRS Journal of Photogrammetry and Remote Sensing, 2012, 70(3): 88-98.

KATOH M, GOUGEON F A, LEKIE D G. Application of High-Resolution airborne data using individual tree crowns in Japanese conifer plantations[J]. Journal of Forest Research, 2009, 14(1): 10-19.

PANAGIOTIDIS D, ABDOLLAHNEJAD A, CHITECULO V. Determining tree height and crown diameter from high-resolution UAV imagery[J]. International Journal of Remote Sensing, 2017, 38(8/10): 2392-2410.

VINCENT L, SOILLE P. Watersheds in digital spaces: an efficient algorithm based on immersion simulations [J]. IEEE Transactions on Pattern Analysis and Machine Intelligence, 1991, 13(6): 583-598.

YUE M, YUICHIRO F, DAISUKE T, et al. Characterization of peach tree crown by using high-resolution images from an unmanned aerial vehicle[J]. Horticulture Research, 2018(5): 74.

第 7 章

基于 UAV 的树高估算技术

7.1 树高估算技术概述

树高即树干的根颈至主干梢顶的长度,用 H 或 h 表示,单位是米(m)。单木树高一般可划分为全高、干高、商用材高、伐桩高、商用材长、缺陷长度和冠长等类型:①全高,即地面至树梢的垂直距离。②干高,即地面至树冠点间的距离,树冠点是形成树冠的第一活枝或死枝的位置。干高表示树木无节的主干高度。③商用材高,即地面与树木最后有用部位末端间的距离。④伐桩高,即地面与树木被砍伐时主干底面位置间的距离。⑤商用材长,即树木被锯断和被利用部分的长度的总和。⑥缺陷长度,即直径大于可接受的最小直径,但存在某种缺点而不能利用的树干部分的长度总和。⑦冠长,即冠点和树冠间的距离。

平均高是反映林木高度平均水平的测树因子,按其所代表的范围可分为林分平均高和优势木平均高:①林分平均高,根据测定方法不同,又可分为条件平均高和算术平均高。条件平均高是指林分平均直径所对应的树高,是衡量林分高最常用的指标,也是划分林层和求算林分蓄积量的主要依据。为了研究林木树高的生长变化,常用随机选样的方法选出若干样木,测算其树高平均值,即算术平均高。②优势木平均高,即所测优势木的算术平均高。利用无人机遥感进行的树高测量,单木树高一般特定指全高,平均高一般特定指算术平均高。

林木高度是反映林木生长状况的数量指标,同时也是反映林分立地质量高低的重要依据。单木树高的测量方法可分为传统地面测量和遥感估测 2 类。传统地面测量是最为常用的方法,主要包括目测法或借助测高器、经纬仪、全站仪等工具对活立木单木进行树高测定,工作量大、调查效率低、易受人为和地形因素及仪器设备等影响,测量精度存在不确定性。进入 21 世纪,遥感技术(特别是激光雷达技术)越来越多地应用于树高调查中,如:王涛等(2010)通过机载激光雷达点云数据,研究冠层高度模型(CHM)并从中提取了单木树高和冠幅;Selkowitz et al. (2012)通过融合多光谱与多角度激光雷达数据,对林分内的树木进行三维模型重建,提取了树高并绘制了林木冠高分布图;杨婷等(2014)同时采用星载激光雷达 GLAS 和光学 MODIS 数据,建立了树高反演模型,其估算精度较高。利用激光雷达技术可获取较高精度的树高参数信息,但使用成本高、技术复杂,对大尺度林分平均高的估算存在一定误差,制约了该技术在森林资源调查领域的推广应用。

随着轻小型无人机遥感技术的快速发展，在森林树高估算领域已进行较多探索，并取得了一定的研究成果。无人机可见光遥感因其具有自动化、智能化、高时效、低成本及操作便捷灵活等特点，能够在很大程度上弥补传统航天和航空遥感估测树高的不足（Sailesh et al.，2012；Rango et al.，2009）。刘晓农等（2017）以无人机高分辨率影像为数据源，通过多尺度分割方法进行杉木人工林冠幅提取和树高反演。杨坤等（2017）利用 Pix4Dmapper 软件处理高分辨率无人机可见光影像，通过最大类间方差法分割单木点云和地面点云，提取了单木树高信息。王彬等（2018）采用无人机 3D 摄影测量技术对雪松林分平均高进行了估测，其测量精度较高。刘江俊等（2019）基于无人机可见光影像生成的冠层高度模型，采用局部最大值算法进行树顶点和单木树高提取。谢巧雅等（2019）基于无人机遥感影像，通过自动化三维重构方法构建了杉木人工林数字表面模型和数字高程模型，实现了杉木树高的提取。上述研究通常以无人机可见光影像处理所得的点云数据为基础数据源，利用不同方法构建单木/林分的冠层高度模型，进而估测树高。综合利用无人机遥感影像和点云数据提取树高的研究相对较少。本节利用无人机遥感影像及其生成的三维点云数据构建冠层高度模型，利用分水岭分割算法对 CHM 分割并提取林分高，旨在为今后基于单镜头无人机可见光遥感技术在森林资源调查领域的推广应用提供方法借鉴。

7.2 无人机遥感树高估算方法

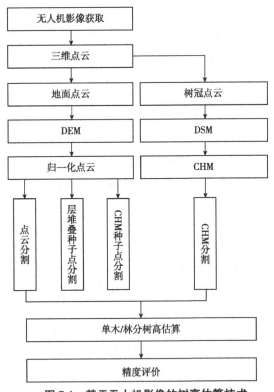

图 7-1 基于无人机影像的树高估算技术

利用无人机可见光遥感技术进行林木高度提取，其主要的提取方法包括：CHM 分割法、点云分割法、CHM 种子点分割法及层堆叠种子点分割法。基于无人机遥感影像的树高估算技术流程如图 7-1 所示。

(1) CHM 分割

使用分水岭分割算法识别和分割单株林木，获取单木位置、树高、冠幅和树冠面积。分水岭分割算法是根据分水岭的结构进行图像分割，是一种基于拓扑理论的数学形态学分割方法。利用分水岭分割算法，结合目视解译，对冠层高度模型（CHM）进行单木分割，确定分割区域即单木树冠边界，然后使用局部最大值法在每一个分割出来的树冠边界内探测局部最大值点作为树冠顶点，实现树冠顶点的提取及单木树高估算（图 7-2）。

(2) 点云分割

通过分析点的高程值以及与其他点间

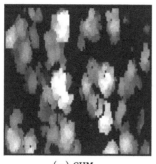  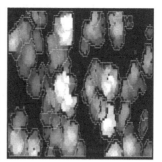

（a）CHM　　　　　　（b）分水岭分割算法　　　　　（c）CHM分割结果

图 7-2　CHM 分割

的距离，确定待分割的单木，获取单木位置、树高、冠幅、树冠面积和树冠体积等信息。其原理如图 7-3 所示。

从种子点 A（即全局极大值）开始，根据间距临界值和最小间距规则，通过对更低的点进行估计，将种子点 A 发展为一个聚类树。例如，点 A 是最高点，将点 A 视作 1 号树木的树顶（目标）。将低于点 A 的点相继分类。因间距 d_{AB} 大于一个设定的临界值（该参数由用户决定），点 B 被分类为 2 号树木。点 C 的间距 d_{AC} 小于临界值，通过与点 A 和点 B 的比较，点 C 的类别被归为 1 号树木。通过与点 B 和点 C 的比较，点 D 被分类成 2 号树木；通过与点 C 和点 D 的比较，点 E 被分类

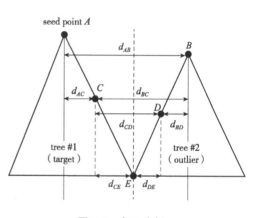

图 7-3　点云分割

成 2 号树木。临界值应当与冠层半径相等。当设置的临界值过大或过小时，会出现分割不足和过度分割的现象。

(3) CHM 种子点分割

该分割方法的原理与点云分割及层堆叠种子点分割方法类似，区别在于 CHM 种子点来源于冠层高度模型的表面点，不同的 CHM 种子点在其表面呈现不同的亮度值即高程，同时各种子点间在水平方向存在距离，利用不同种子点间的这些属性及结合树冠间的实际距离和分布情况即可分割单木边界，最终提取得到单木位置、树高、冠幅、树冠面积和树冠体积等信息。CHM 种子点分割包括 CHM 种子点文件的生成以及利用种子点进行分割等过程。其中，种子点的生成基于 CHM 获取单木的位置信息，以这些信息作为种子点，对点云进行单木分割。可以通过 ALS 编辑工具对种子点进行增加、删除等编辑操作，从而提高单木分割的准确性。

(4) 层堆叠种子点分割

层堆叠种子点分割方法的原理与上述点云分割和 CHM 种子点分割方法相同，主要区别在于种子点的获取基于归一化后的点云数据，获取方法与 CHM 种子点获取类似。最终分割结果同样可以获取单木位置、树高、冠幅、树冠面积和树冠体积等信息。层堆叠种子

点分割包括点云种子点文件的生成以及利用种子点进行分割等过程。采用层堆叠算法从归一化的点云数据中提取单木位置，以这些信息作为种子点，对点云进行单木分割。可以通过 ALS 编辑工具，对种子点进行增加、删除等编辑操作，从而提高单木分割的准确性。

7.3 无人机遥感树高估算典型案例分析

本节以天然云南松纯林为对象，在开展标准地调查（共 6 个）的基础上，获取了无人机可见光遥感影像，经过无人机影像的预处理，生成正射影像（DOM）、数字表面模型（DSM）、数字地形模型（DTM）及冠层高度模型（CHM），进行了基于无人机可见光遥感影像的树高估算技术研究，该技术方法可为森林资源调查提供有益参考。

7.3.1 外业调查及影像采集

实验区简况、标准地调查及无人机影像采集情况详见本书第 6.3.1 小节。现地选取有代表性的典型地块设置标准地，标准地大小为 25 m×25 m，共调查标准地 6 个，样木 96 株。使用罗盘仪测量方位角、皮尺测量水平距离进行标准地周界测量；对标准地内胸径 ≥5.0 cm 的所有活力木进行每木检尺，实测每木树高和最长、最短冠幅，并对每木进行相对定位（罗盘仪测量方位角、皮尺测量水平距离）。

7.3.2 影像预处理

利用 Pix4Dmapper 软件，对 6 个标准地的无人机航测原始影像进行预处理，生成正射影像（DOM）、数字表面模型（DSM）和数字地形模型（DTM），处理方法详见本书第 5.2 小节。

经过上述步骤对无人机航测获取的原始影像进行预处理，获得实验区的三维点云数据，结果如图 7-4 所示。

7.3.3 点云归一化及 CHM 构建

7.3.3.1 点云归一化

点云归一化处理的主要步骤包括点云去噪、地面点分类、DEM 生成和点云归一化。

(1) 点云去噪

运行 LIDAR360 软件，依次单击"数据管理"→"点云工具"→"去噪"，出现"去噪"界面（图 7-5），在"文件"列表框中导入待去噪的原始点云文件。

"去噪"参数设置及释义如下：

①输入数据：输入文件可以是单个点云数据文件，也可以是多数据文件。

②邻域点个数：本例按默认设置为"10"，即邻域内所需点的个数，用于计算邻域内每个点到该点的距离平均值 D 以及所有点的 D 的平均值 $mean_D$。若没有找到足够多的点，该点将不参与计算。

③标准差倍数：本例按默认设置为"5"，即与平均距离 $mean_D$ 的标准偏差相乘的因子 $mean_K$。平均距离 D 大于 $mean_D \times mean_K$ 的点被认为是噪点。此值越小，将有更多的点被分为噪点。

（a）低郁闭度林分

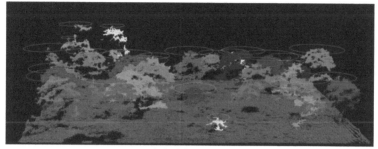
（b）中郁闭度林分

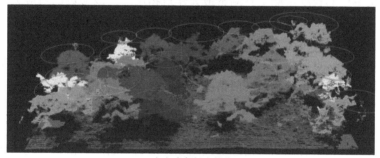
（c）高郁闭度林分

图 7-4 实验区点云数据

④输出路径：输出文件的保存路径。

(2) 地面点分类

在 LIDAR360 软件中，依次单击"分类"→"地面点分类"，出现"地面点分类"界面（图 7-6），导入待分类的点云文件（经过滤波去噪的点云）。

"地面点分类"参数设置及释义如下：

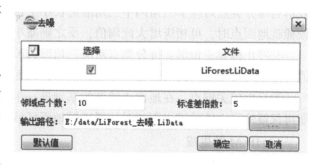

图 7-5 原始点云去噪

①输入数据：输入文件可以是单个点云数据文件，也可以是点云数据集。
②初始类别：待分类类别。
③目标类别：分类目标类别。

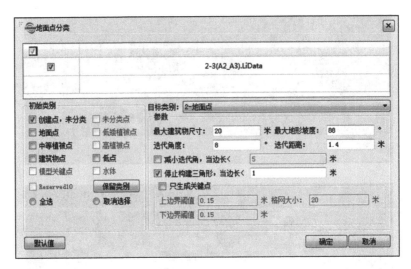

图 7-6 地面点分类

④最大建筑物尺寸：扫描点云中存在的建筑物边缘的最大长度。此参数设置过小，建筑物的平顶可能被误认为地形，建筑物屋顶点会被判定为种子点。当点云数据中有建筑物时，可以利用菜单栏的长度量测工具测量最大建筑物尺寸，该参数的值应大于测量得到的最大建筑物尺寸。对于不含建筑物的点云数据，此参数可采用默认值 20 m。对于没有建筑物的地势起伏大的山区，可适当调小此值以适应坡度较陡的地面。

⑤最大地形坡度：点云中显示的地形最大坡度。该参数可以确定已被识别的地面点的相邻点是属于地形还是其他地物。一般情况下，此参数按默认值即可。

⑥迭代角度：待分类点与已知地面点间允许的角度范围。对地形起伏较大的区域可适当调大，与迭代距离对应调节。一般设置为 10°~30°。

⑦迭代距离：即待分类点与三角网对应的三角形之间的距离阈值。地形起伏较大时可适当调大，与迭代角度对应调节，一般设置为 1~2 m。

⑧减小迭代角：即待分类点对应三角形边长小于此阈值时减小迭代角。勾选该参数，表示当待分类点对应于三角网中三角形边长小于该阈值时，相应减小迭代角。当需要得到较稀疏地面点时，可相应增大此阈值，反之则减小此阈值。

⑨停止构建三角形：待分类点对应三角形边长小于该阈值时，则停止加密三角网，该值可防止局部生成地面点过密。增大此值时，地面点会相应稀疏，反之则加密。

⑩只生成关键点：在地面点滤波的基础进一步提取模型关键点作为地面点类别，该功能可保留地形上的关键点而相对抽稀平缓地面区域的点。

(3) DEM 的生成

在 LIDAR360 软件中，依次单击"地形"→"数字高程模型"，将经过地面点云分类的点云数据文件导入"数字高程模型"对话框中（图 7-7）。生成数字高程模型前，必须先对点云进行地面点分类。

(4) 点云归一化

在 LIDAR360 软件中，依次单击"数据管理"→"点云工具"→"归一化"，出现"归一

图 7-7 DEM 的生成

化"界面(图 7-8),分别导入经过去噪后的点云文件和 DEM 文件。

"归一化"参数设置及释义如下:

①输入点云数据:输入文件可以是单个点云数据文件,也可以是多数据文件。

②输入 DEM 文件:可以从下拉列表中输入单个或多个单波段 tiff 格式的影像文件。

③ ⊕ :从外部添加 DEM 文件数据。

④ ⊖ :选中列表中的某一个文件数据,点击该按钮将该文件从列表中移除。

⑤ :清空全部列表中的数据。

⑥添加原始 Z 值到附加属性:将当前点云的高程值作为附加属性写出。归一化时若未勾选此项,则不能进行反归一化。

图 7-8 点云归一化处理

⑦输出路径:输出文件的保存路径。

7.3.3.2 CHM 构建

冠层高度模型 CHM 构建的主要步骤包括获取数字表面模型(DSM)、数字高程模型(DEM)及上述两模型相减后构建 CHM。

(1)DSM 的生成

在 LIDAR360 软件中,依次单击"地形"→"数字表面模型",出现"数字表面模型"界面(图 7-9),导入经过去噪后的点云文件,选择点云起始类别。

"数字表面模型"参数设置及释义如下:

①输入数据:输入文件可以是单个点云数据文件,也可以是点云数据集。

②起始类别:参与生成 DSM 的点云类别。

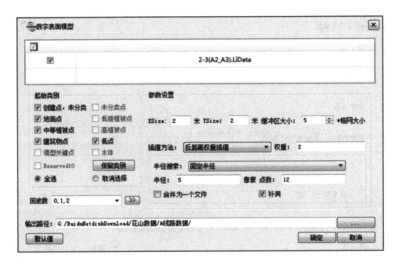

图 7-9　数字表面模型

③输出路径：生成 DSM 文件的保存路径。

(2) DEM 的生成

方法同点云归一化处理的 DEM 生成方法。

(3) CHM 的构建

在 LIDAR360 软件中，依次单击"地形"→"冠层高度模型"，出现"冠层高度模型"界面(图 7-10)，分别导入 DSM、DEM 数据文件。

图 7-10　冠层高度模型

7.3.4　CHM 分割法提取树高

利用分水岭分割法对单木 CHM 进行树高提取，其主要过程为：首先利用 LiDAR360 软件对标准地内的 CHM 数据进行分割，对冠幅叠加较密区域采用调整分割参数方法进行多次分割，获取不同郁闭度等级的单木树冠边界；然后利用 3×3 的固定窗口移动探测所有单木树冠边界区域内的局部最大值作为树顶，树顶所在的像元值即为该单木的树高值。

在 LIDAR360 软件中，依次单击"机载林业"→"单木分割"→"CHM 分割"，出现"数字表面模型"界面(图 7-11)，导入 CHM 文件。

"CHM 分割"参数设置及释义如下：

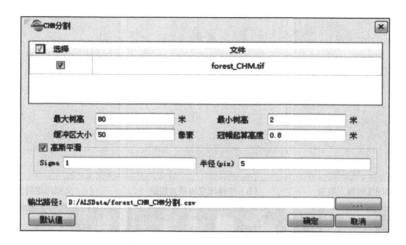

图 7-11 CHM 分割

①输入数据：输入文件可以是单个 CHM 文件，也可以是多个 CHM 文件。

②最大树高：分割单木的最大树高范围阈值，高于该值认为不属于林木。

③最小树高：分割单木的最小树高范围阈值，小于该值认为不属于林木。

④缓冲区大小：当待分割数据的行列数超过 1500 时，将进行分块处理，该值是分块的缓冲区阈值。可设置按公式设置：待分割数据中最大冠幅直径除以栅格分辨率。

⑤冠幅起算高度：冠层范围的起算高度。合理设置起算高度可以使冠层边界和面积更加精确。设置起算高度后，冠层矢量边界将使用高于该值的像素生成，低于该值的栅格点将不参与分割。对于不同的树种和生长状况，应适当增减该值以得到最佳结果。

⑥高斯平滑：是否进行高斯平滑。建议勾选高斯平滑选项，去除噪点影响。

⑦Sigma：高斯平滑因子。该值越大，平滑程度越高，反之越低。平滑程度影响分割的林木株数，如果出现欠分割，建议将该值调小（如 0.5）；如果出现过分割，建议将该值调大（如 1.5）。除了高斯平滑因子，CHM 分割结果还受 CHM 分辨率影响。要调整 CHM 分辨率，需调整 DEM 和 DSM 的分辨率。

⑧半径：高斯平滑使用的窗口大小，该值为奇数；一般设置为平均冠幅直径大小。

单击"确定"运行，每个 CHM 将生成对应的分割结果，包含一个 CSV 表格文件和一个 polygon 类型的 .shp 格式矢量文件。CSV 表格中包含林木的 ID、(x、y)坐标位置、树高、冠幅和树冠面积属性。.shp 格式矢量文件中包含林木的边界范围，属性表中包含林木的 ID、(x、y)坐标位置、树高、冠幅和树冠面积属性。

利用 CHM 分割法提取的树顶点及单木树高提取结果如图 7-12 所示。

7.3.5 点云分割法提取树高

在 LIDAR360 软件中，依次单击"机载林业"→"单木分割"→"点云分割"，出现"数字表面模型"界面（图 7-13），导入经过归一化后的点云文件，分别设置初始类别、分割参数及输出路径等。

"点云分割"参数设置及释义如下：

①初始类别：参与点云分割的类别，建议按默认选择点云数据含有的全类别。

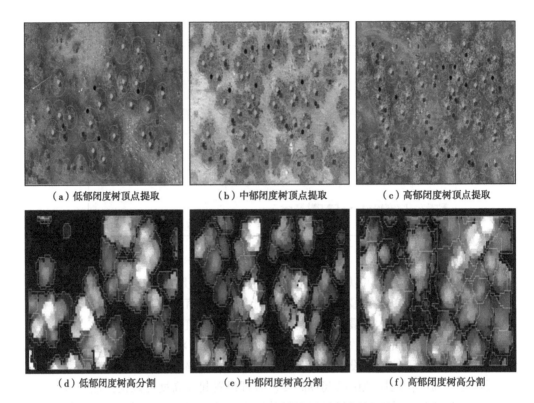

(a)低郁闭度树顶点提取　　(b)中郁闭度树顶点提取　　(c)高郁闭度树顶点提取

(d)低郁闭度树高分割　　(e)中郁闭度树高分割　　(f)高郁闭度树高分割

图 7-12　基于 CHM 分割法的树顶点及树高提取结果

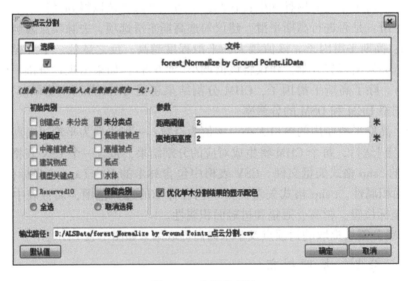

图 7-13　点云分割法

②输入数据：确保每一个输入的点云数据均是归一化或根据地面点归一化的数据。输入文件可以是单个点云数据文件，也可以是点云数据集。

③距离阈值：设置距离阈值参数时，阈值应低于相邻 2 株林木之间允许的最小 2D 欧氏距离。

④离地面高度：低于阈值的点，被认为不是林木的一部分，在分割过程中将被忽略。

⑤优化单木分割结果的显示配色：通过重新排列单木分割后的 ID 信息，能够极大程度解决相邻林木赋同一颜色的问题。

单击"确定"运行，每个点云数据将生成对应的分割结果，分割结果为 CSV 表格，其中包含林木 ID、(x,y) 坐标、树高、冠幅、树冠面积和树冠体积属性。

基于点云数据分割单木后，树木 ID 信息将保存在 LiData 文件中，可在窗口查看分割结果。将分割过的点云数据加载到 3D 窗口中，确保该窗口处于激活状态，并在颜色条工具栏中单击"按高程 E 显示"按钮，分割后的单木将被赋予随机颜色。可以通过 ALS 编辑中的剖面图工具查看单木分割效果，并通过人工增加或删除种子点加以改善(图 7-14)。

图 7-14　基于点云分割法的树高提取结果

7.3.6　CHM 种子点分割法提取树高

CHM 种子点分割包括 CHM 种子点文件的生成及利用种子点进行分割等过程。其中种子点的生成基于 CHM 获取单木的位置信息，以这些信息作为种子点，对点云进行单木分割。可以通过 ALS 编辑工具对种子点进行增加、删除等编辑操作，从而提高单木分割的准确性。在 LIDAR360 软件中，依次单击"机载林业"→"单木分割"→"CHM 生成种子点"，出现"CHM 生成种子点"界面(图 7-15)，导入 CHM 文件，设置参数及输出路径。

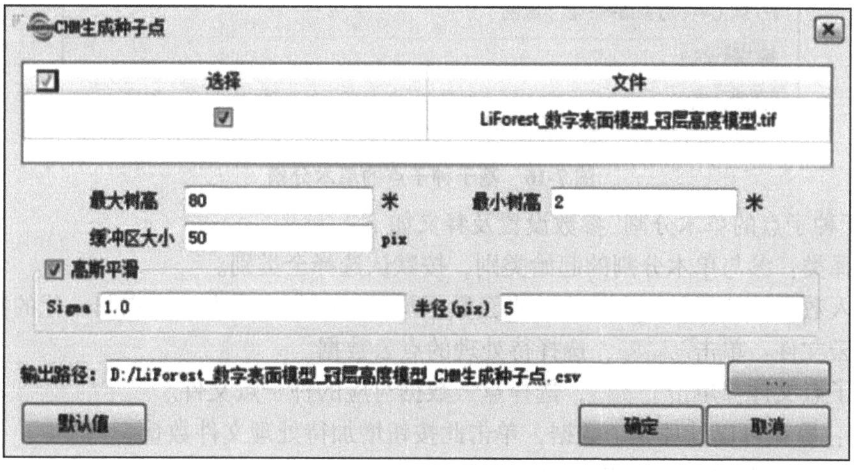

图 7-15　CHM 生成种子点

"CHM 生成种子点"参数设置及释义如下:
①输入数据:输入文件可以是单个 CHM 文件,也可以是多个 CHM 文件。
②最大树高:分割单木的最大树高范围阈值,高于该值认为不是林木。
③最小树高:分割单木的最小树高范围阈值,小于该值认为不是林木。
④缓冲区大小:当待分割数据的行列数超过 1500 时,会进行分块处理,该值是分块的缓冲区阈值。可按公式设置为:待分割数据中最大冠幅除以栅格分辨率。
⑤高斯平滑:是否进行高斯平滑。建议勾选高斯平滑选项,去除噪点影响。
⑥Sigma:高斯平滑因子。该值越大,平滑程度越高,反之越低。平滑程度影响分割的林木株数。如果出现欠分割,建议将该值调小(如 0.5);如果出现过分割,建议将该值调大(如 1.5)。除了高斯平滑因子,CHM 分割结果还受 CHM 分辨率影响。要调整 CHM 分辨率,需调整 DEM 和 DSM 的分辨率。
⑦"半径":高斯平滑使用的窗口大小,该值为奇数;可设置为平均冠幅大小。

单击"确定"运行,每个 CHM 将生成对应的种子点文件(CSV 格式),包含林木的 ID、(x、y、z)坐标。完成 CHM 种子点的生成后,进行种子点分割,实现树高提取。在 LIDAR360 软件中,依次单击"机载林业"→"单木分割"→"基于种子点的单木分割",出现"基于种子点的单木分割"界面(图 7-16),分别导入经过去噪及归一化的点云文件、CHM 种子点文件,设置选择类别、离地高度、输出路径等参数。

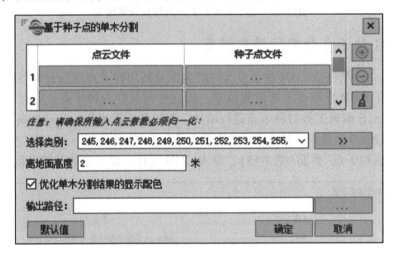

图 7-16 基于种子点的单木分割

"基于种子点的单木分割"参数设置及释义如下:
①选择类:参与单木分割的起始类别,按默认选择全类别。
②输入数据:确保每一个输入的点云数据均是归一化或根据地面点归一化的数据。
③点云文件:单击 ⬚,选择待处理的点云数据。
④种子点文件:单击 ⬚,选择点云数据对应的种子点文件。
⑤ ⊕:默认可以处理 5 个数据,单击此按钮增加待处理文件数量。
⑥ ⊖:删除选中的点云和对应的种子点文件。
⑦ ▣:清空文件列表。

⑧离地面高度：高于该值的点云数据才进行单木分割，若需分割低矮林木，应设置该值小于待分割的最小树高。

⑨优化单木分割结果的显示配色：通过重新排列单木分割后的 ID 信息，能够极大程度地解决相邻树木赋同一颜色的问题。勾选优化配色后，新生成的单木分割 CSV 格式文件中的 ID 与输入种子点 ID 不严格对应。

单击"确定"运行，每个点云数据将生成对应的分割结果，分割结果为 CSV 格式文件，其中包含林木的 ID、$(x、y)$ 坐标、树高、冠幅、树冠面积和树冠体积。

7.3.7 层堆叠种子点分割法提取树高

层堆叠种子点分割包括点云种子点文件的生成及利用种子点进行分割等过程。采用层堆叠算法从归一化的点云数据中提取单木位置，以这些信息作为种子点，对点云进行单木分割。可以通过 ALS 编辑工具，对种子点进行增加、删除等编辑操作，从而提高单木分割的准确性。在 LIDAR360 软件中，依次单击"机载林业"→"单木分割"→"层堆叠生成种子点"，出现"层堆叠生成种子点"界面（图 7-17），分别进行点云文件的加载、参数设置及输出路径的选择等。

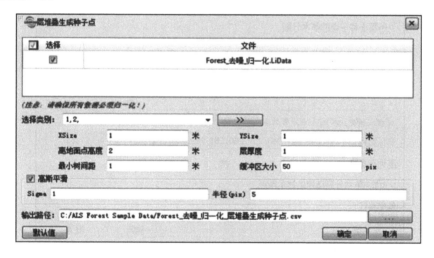

图 7-17　层堆叠生成种子点

"层堆叠生成种子点"参数设置及释义如下：

①选择类别：参与点云分割的类别，按默认选择点云数据含有的全类别。

②输入数据：确保每一个输入的点云数据均是归一化的数据。输入文件可以是单个点云数据文件，也可以是点云数据集。

③XSize：格网分辨率，一般可设置为 0.3~2.0 m。

④YSize：格网分辨率，一般可设置为 0.3~2.0 m。

⑤离地面点高度：高于该值的点云数据才进行单木分割，若需分割低矮林木，需要设置该值小于待分割的最小树高。

⑥层厚度：即切层厚度，用于进行层堆叠时切层使用的高度，一般设置为 0.5~2.0 m。

⑦最小树间距：当前数据最小林木间的间距，如种子点数据过多或过少可适当调节该参数。

⑧缓冲区大小：当待分割数据的行列数超过 1500 时，会进行分块处理，该值是分块的缓冲区阈值。可按公式设置为：待分割数据中最大冠幅除以栅格分辨率。

⑨高斯平滑：是否进行高斯平滑，建议勾选高斯平滑选项，去除噪点影响。

⑩Sigma：高斯平滑因子。该值越大，平滑程度越高，反之越低。平滑程度影响分割的林木株数，如果出现欠分割，建议将该值调小(如 0.5)；如果出现过分割，建议将该值调大(如 1.5)。

⑪半径：高斯平滑使用的窗口大小，该值为奇数，可设置为平均冠幅大小。

单击"确定"运行，每个点云数据将生成对应的种子点文件，为 CSV 格式文件，其中包含 4 列，依次为：树 ID、(x、y、z)坐标。完成层堆叠种子点的生成后，进行种子点分割，实现树高提取。在 LIDAR360 软件中，依次单击"机载林业"→"单木分割"→"基于种子点的单木分割"，出现"基于种子点的单木分割"界面(图 7-18)，分别导入经过去噪及归一化的点云文件、层堆叠种子点文件，设置选择类别、离地高度、输出路径等参数。

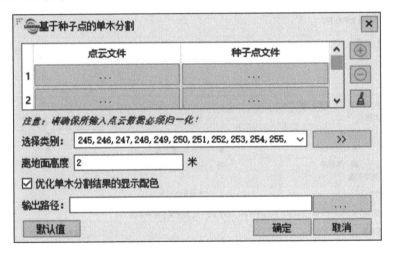

图 7-18 基于种子点的单木分割

"基于种子点的单木分割"参数设置及释义如下：

①选择类：参与单木分割的起始类别，按默认选择全类别。

②输入数据：确保每一个输入的点云数据均是归一化或根据地面点归一化的数据。

③点云文件：单击 ▭，选择待处理的点云数据。

④种子点文件：单击 ▭，选择点云数据对应的种子点文件。

⑤ ⊕：默认可以处理 5 个数据，单击此按钮增加待处理文件数量。

⑥ ⊖：删除选中的点云和对应的种子点文件。

⑦ ▭：清空文件列表。

⑧离地面高度：高于该值的点云数据才进行单木分割，若需分割低矮树木，应设置该值小于待分割的最小树高。

⑨优化单木分割结果的显示配色:通过重新排列单木分割后的 ID 信息,能够极大程度地解决相邻树木赋同一颜色的问题。勾选优化配色后,新生成的单木分割 CSV 文件中的 ID 与输入种子点 ID 不严格对应。

单击"确定"运行,每个点云数据将生成对应的分割结果,分割结果为 CSV 格式文件,包含树木 ID、(x、y)坐标、树高、冠幅、树冠面积和树冠体积。

7.3.8 精度评价

(1)树顶点提取的精度评价

本实验对树顶点的提取是基于 CHM 的分水岭分割及局部最大值法,精度评价见表 7-1 所列。

表 7-1 树顶点提取精度评价

等级	树顶点(个)				精度(%)
	参考点数	正确点数	遗漏点数	错误点数	
低郁闭度	28	24	4	5	85
中郁闭度	39	32	7	9	82
高郁闭度	51	40	11	14	78

参考树顶点的个数通过目视解译正射影像并结合实地调查获得。由表 7-1 可知,在不同郁闭度林分的树顶点提取过程中,均存在树顶点的遗漏及错误提取,其提取结果表现为林分郁闭度越大,出现树顶点遗漏提取、错误提取的数量越多的现象。本次实验低、中、高郁闭度林分的树顶点提取精度分别为 85%、82%和 78%,进一步说明了郁闭度对林分树顶点提取精度的影响。此外,不同郁闭度林分树顶点提取的精度相差较小,其原因可能与样地内单木的实际分布有关,即在相同郁闭度条件下,不同林木的分布情况(多数林木的间距小,难以区分单木冠幅)对冠幅的布局存在影响,进而影响整体树顶点的提取结果。

(2)单木树高提取的精度分析

本实验利用罗盘仪和皮尺准确测量每木树高,用以验证基于无人机影像提取树高的精度。由于树高提取过程中存在遗漏提取和错误提取树顶点的现象,只将正确提取的单木树高与对应的参考树高进行精度验证。本实验调查 6 个标准地,共实测 96 株云南松,计算实测单木树高与提取单木树高的误差及相对误差(表 7-2)。

由表 7-2 可知,基于无人机影像提取的云南松树高与样地实测树高的误差绝对值最大值为 2.46 m,最小值为 0,相对误差绝对值最大值为 0.262,最小值为 0。由误差结果分析可知,树高估测存在较大差异,其原因可能与实验区的树种有关。由于实验区内的云南松树冠内部结构分散,不具有明显的树干及树顶点,导致不容易分辨真正的树顶点及生成的树冠点云数量较少。同时,对罗盘仪外业实测数据和基于无人机影像提取的树高进行线性相关分析,验证基于无人机影像的树高测量精度。经过线性函数关系的建立[图 7-19(a)],分析可得决定系数 R^2 为 0.893,标准高度误差为 1.23 m,树高提取精度为 87.58%。本实验的树高提取分析及精度结果与相关学者的研究结果比较接近,同时符合森林资源调查工作对树高调查的精度要求。综上可知，利用无人机遥感影像进行单木树高提取的效果较为理想，该方法在生产实践中具有可行性和适用性。

表7-2 单木树高提取结果

树号	提取值(m)	实测值(m)	误差(m)	相对误差	树号	提取值(m)	实测值(m)	误差(m)	相对误差
1	6.20	7.93	1.73	0.2182	38	6.38	7.83	1.45	0.1852
2	6.32	8.30	1.98	0.2386	39	5.97	7.43	1.46	0.1965
3	6.60	7.65	1.05	0.1373	40	5.15	6.46	1.31	0.2028
4	6.10	7.65	1.55	0.2026	41	5.71	6.22	0.51	0.0820
5	9.10	11.15	2.05	0.1839	42	8.52	8.78	0.26	0.0296
6	7.44	8.60	1.16	0.1349	43	9.52	9.89	0.37	0.0374
7	7.63	7.80	0.17	0.0218	44	9.15	9.87	0.72	0.0729
8	6.90	7.63	0.73	0.0957	45	9.29	9.90	0.61	0.0616
9	6.30	8.00	1.70	0.2125	46	8.28	9.44	1.16	0.1229
10	5.84	7.30	1.46	0.2000	47	4.95	6.45	1.50	0.2326
11	5.56	6.90	1.34	0.1942	48	4.05	4.50	0.45	0.1000
12	11.82	13.60	1.78	0.1309	49	5.93	7.15	1.22	0.1706
13	8.60	9.19	0.59	0.0642	50	4.12	4.12	0.00	0.0000
14	5.76	7.80	2.04	0.2615	51	8.30	8.44	0.14	0.0166
15	7.90	8.50	0.60	0.0706	52	8.19	8.45	0.26	0.0302
16	9.30	9.70	0.40	0.0412	53	8.44	8.45	0.01	0.0012
17	8.90	9.30	0.40	0.0430	54	7.40	8.59	1.19	0.1385
18	8.90	10.60	1.70	0.1604	55	7.40	8.59	1.19	0.1385
19	6.63	8.16	1.53	0.1875	56	7.03	7.61	0.58	0.0762
20	11.02	13.33	2.31	0.1733	57	5.35	6.69	1.34	0.2003
21	6.15	6.97	0.82	0.1176	58	5.54	6.73	1.19	0.1768
22	6.86	8.43	1.57	0.1862	59	4.95	6.45	1.50	0.2326
23	6.49	8.54	2.05	0.2400	60	6.00	7.33	1.33	0.1814
24	7.64	10.10	2.46	0.2436	61	4.80	6.00	1.20	0.2000
25	7.61	9.36	1.75	0.1870	62	7.52	8.71	1.19	0.1366
26	7.66	9.67	2.01	0.2079	63	9.50	11.90	2.40	0.2017
27	6.32	7.66	1.34	0.1749	64	10.69	12.41	1.72	0.1386
28	8.29	10.09	1.80	0.1784	65	11.62	12.66	1.04	0.0821
29	8.92	9.48	0.56	0.0591	66	10.56	11.12	0.56	0.0504
30	5.55	6.55	1.00	0.1527	67	9.10	10.19	1.09	0.1070
31	5.49	6.12	0.63	0.1029	68	9.06	10.00	0.94	0.0940
32	6.27	7.41	1.14	0.1538	69	9.12	10.12	1.00	0.0988
33	6.27	7.63	1.36	0.1782	70	10.27	11.74	1.47	0.1252
34	8.33	8.69	0.36	0.0414	71	5.23	6.15	0.92	0.1496
35	7.72	10.04	2.32	0.2311	72	4.62	6.15	1.53	0.2488
36	7.81	8.46	0.65	0.0768	73	7.20	7.49	0.29	0.0387
37	6.93	7.74	0.81	0.1047	74	5.46	7.08	1.62	0.2288

(续)

树号	提取值(m)	实测值(m)	误差(m)	相对误差	树号	提取值(m)	实测值(m)	误差(m)	相对误差
75	5.46	6.20	0.74	0.1194	86	8.86	9.49	0.63	0.0664
76	5.46	5.91	0.45	0.0761	87	10.64	11.18	0.54	0.0483
77	9.38	10.10	0.72	0.0713	88	6.53	6.79	0.26	0.0383
78	7.30	7.68	0.38	0.0495	89	8.67	8.71	0.04	0.0046
79	7.15	9.45	2.30	0.2434	90	9.54	10.74	1.20	0.1117
80	2.78	3.36	0.58	0.1726	91	10.55	11.74	1.19	0.1014
81	8.50	9.80	1.30	0.1327	92	9.87	10.17	0.30	0.0295
82	9.45	10.80	1.35	0.1250	93	9.60	9.87	0.27	0.0274
83	8.27	9.36	1.09	0.1165	94	9.42	9.53	0.11	0.0115
84	6.95	7.76	0.81	0.1044	95	10.14	10.23	0.09	0.0088
85	8.15	8.74	0.59	0.0675	96	10.54	10.57	0.03	0.0028

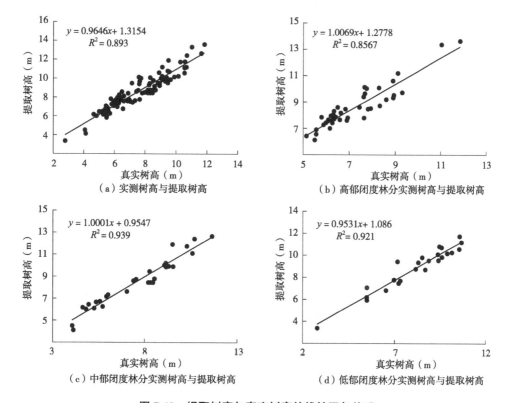

(a) 实测树高与提取树高

(b) 高郁闭度林分实测树高与提取树高

(c) 中郁闭度林分实测树高与提取树高

(d) 低郁闭度林分实测树高与提取树高

图 7-19 提取树高与真实树高的线性回归关系

(3) 郁闭度对单木树高提取精度的影响

树号 1-40 为高郁闭度林分的样木，树号 41-72 为中郁闭度林分的样木，树号 73-96 为低郁闭度林分的样木。为了便于分析林分郁闭度对于单木树高提取精度的影响，计算在不同郁闭度等级下提取树高的标准误差、相对均方根误差和真实值与提取值的决定系数 R^2，结果见表 7-3。

表 7-3　不同郁闭度林分的树高标准误差

等级	R^2	RMSE(m)	rRMSE(%)
低郁闭度	0.921	0.915	8.32
中郁闭度	0.939	1.115	11.67
高郁闭度	0.857	1.478	15.48

由表 7-3 可知，在高郁闭度条件下获取的树高标准误差显著高于中郁闭度和低郁闭度。对提取值与真实值进行线性拟合，如图 7-19(b)~(d)所示，其决定系数分别为 0.857、0.939、0.921。本实验中，在相同的无人机飞行高度、相同的空间分辨率的条件下，由于高郁闭度林分的云南松树冠之间有较多重叠区域，导致在无人机影像采集、处理计算过程中对树冠顶端和树冠边界的识别精度降低；而在中、低郁闭度林分中其林木相对独立且易于分辨，能够获取相对完整的单木冠幅边界及较高的树高提取精度。同时，郁闭度对无人机获取林木点云数据也有较大影响(包括树冠点云和地面点云)。在较高的郁闭度林分内，因多个树冠相交，能够获取的点云数据不完整，且因大量的树冠遮蔽地面，故获取地面点云数据较少，无法准确获取地面高程数据；在相对稀疏的低郁闭度林分中，获取的树冠点云数据和地面点云数据比较完整，树高提取的精度较高。

7.4　技术总结

7.4.1　几点讨论

(1)利用激光雷达遥感及无人机航测技术对林木高度进行提取研究方面

张颖等(2020)、杨伯钢等(2007)等分别利用大光斑星载激光雷达数据进行植被冠层高度的反演以及利用机载激光雷达数据测定树高。还有学者以无人机航测影像为数据源，利用立体像对原理获取像元与目标地物的转换坐标，并将其代入旋转矩阵提取树高(Bi et al., 2012)。上述方法均存在一定局限性。使用星载激光测高系统反演冠层高度的方法由于光斑尺寸较大且易受地表复杂环境的影响，虽能进行大面积森林高度的反演，但工作量大，且树高反演精度较低。利用立体像对原理提取树高的方法一般针对单木或稀疏林分的树高估算，不适应于大面积的森林高度估算。使用机载激光雷达技术估算树高的方法虽然精度较高，但其采用的是单木树高逐一测量的方法，同样难以适应宏观尺度的树高调查，并且星载激光雷达或机载激光雷达数据受天气条件、复杂的环境因子(地形、坡度)等因素影响。本实验利用单镜头无人机可见光遥感技术，在保证树高提取精度的同时能够快速高效地进行较大范围林分尺度的树高估测。通过对树木三维点云进行克里金内插获取 DSM，基于点云数据依据分类提取地面点云并内插生成 DEM，最后通过叠加计算及分割获取树高，相较于激光雷达技术，受天气条件及环境的影响较小，且成本较低。

(2)利用无人机影像、三维点云等数据，进行林分树高的提取研究方面

该方面研究通常利用无人机影像生成的数字表面模型或立体像对进行树高提取。通过数字表面模型估测树高将导致单木部分细节的丢失及误差的形成；而使用立体像对的方法提取树高将会导致人为误差的增大。利用三维点云数据提取树高,则通过点云数据的多尺度分割及构建冠层高度模型的方法实现。复杂的林分条件对林分点云的分割增加了难度。本实验综合利用无人机遥感影像及经过后处理生成的点云数据,采用内插法获取 DSM、DEM 并计算得到 CHM,且利用分水岭分割方法对 CHM 进行分割提取林木高度,该方法不仅避免了因直接使用数字表面模型而导致的单木细节丢失、立体像对导致人为误差的增大,还降低了对实验区点云进行分割的难度,提高了基于无人机遥感影像估算林分高度的精度和效率。

(3)利用无人机遥感提取树高的主要技术瓶颈方面

本技术所获取的树高数据可能受到冠层间相互连接遮蔽的影响,被遮蔽部分通过内插方法获得且易受边缘数据的影响;同时,基于三维点云进行地面点分类的结果在一定程度上也可能受到树冠间遮蔽的影响。现阶段针对多树冠相连区域仅能提取较高位置处的树高值。本实验成功提取了云南松林分高度,并验证了方法的可靠性与适用性。相较于传统的地面调查和激光雷达反演技术,无人机可见光遥感技术具有快速高效、成本低廉、数据精度更高的优势。需要注意的是,本实验仍存在诸多不足,例如,缺乏无人机在不同飞行高度、不同优势树种及不同林分结构条件下的树高提取研究。在后续的研究中,可以针对以上不足之处进行深入探索,为森林资源调查工作提供一个高效率、低成本及高精度的技术方法。

7.4.2　主要结论

本实验以天然云南松纯林为对象,基于无人机遥感影像,经过原始点云去噪、滤波及地面点分类等处理,得到 DSM、DEM 及 CHM,采用分水岭分割算法对 CHM 进行单木分割,最终提取了单木树高。由最终的树高提取结果可知,使用分水岭分割算法能够准确分割 CHM,无人机可见光遥感影像提取的树高值与实地测量值进行对比,R^2 达 0.893,估测精度为 87.58%,标准误差($RMSE$)为 1.227 m,树高测量精度较高。不同郁闭度条件下的树高提取值与实地测量值存在相关性,3 种不同郁闭度林分树高的无人机影像提取值与实测值的 R^2 分别为 0.857、0.921 和 0.939,$RMSE$ 分别为 1.478 m、1.115 m 和 0.837 m。不同郁闭度对树高测量精度存在影响。郁闭度越高,相对误差越大。

思考题

1. 什么是树高?简述单木树高的类型。
2. 什么是平均高?简述平均高的类型。
3. 简述树高的传统测量方法。
4. 简述利用无人机遥感影像估算树高的技术方法。
5. 简述点云归一化处理在单木树高提取中的作用。
6. 什么是冠层高度模型?如何计算?
7. 不同郁闭度林分对单木树高提取的精度具有哪些影响?
8. 试述基于无人机遥感影像的树高估算技术的发展方向。

参考文献

刘江俊,高海力,方陆明,等. 基于无人机影像的树顶点和树高提取及其影响因素分析[J]. 林业资源管理, 2019(4): 107-116.

刘晓农,旦增,邢元军. 基于无人机高分影像的冠幅提取与树高反演[J]. 中南林业调查规划, 2017, 36(1): 39-43.

王彬,孙虎,徐倩,等. 基于无人3D摄影技术的雪松(*Cedrus deodara*)群落高度测定[J]. 生态学报, 2018, 38(10): 3524-3533.

王涛,龚建华,张利辉,等. 基于机载激光雷达点云数据提取林木参数方法研究[J]. 测绘科学, 2010, 35(6): 47-49.

谢巧雅,余坤勇,邓洋波,等. 杉木人工林冠层高度无人机遥感估测[J]. 浙江农林大学学报, 2019, 36(2): 335-342.

杨伯钢,冯仲科,罗旭,等. LIDAR技术在树高测量上的应用与精度分析[J]. 北京林业大学学报, 2007(S2): 78-81.

杨坤,赵艳玲,张建勇,等. 利用无人机高分辨率影像进行树木高度提取[J]. 北京林业大学学报, 2017, 39(8): 17-23.

杨婷,王成,李贵才,等. 基于星载激光雷达GLAS和光学MODIS数据中国森林冠层高度制图[J]. 中国科学:地球科学, 2014, 44(11): 2487-2498.

张颖,李松,张文豪,等. 基于星载激光测高数据的植被冠层高度反演[J]. 应用光学, 2020, 41(4): 697-703.

BI H Q, CUI J L, FOX Y L, et al. Evaluation of nonlinear equations for predicting diameter from tree height [J]. Canadian Journal of Forest Research, 2012, 42 (4): 789-806.

RANGO A, LALIBERTE A, HERRICK J E, et al. Unmanned aerial vehicle-based remote sensing for rangeland assessment, monitoring, and management [J]. Journal of Applied Remote Sensing, 2009, 3 (1): 11-15.

SAILESH S, DILIP K P, DEBASISH L, et al. Interpolation of climate variables and temperature modeling [J]. Theoretical and Applied Climatology, 2012, 107 (1-2): 35-45.

SELKOWITZ D J, GREEN G, PETERSON B, et al. A multi-sensor lidar, multi-spectral and multi-angular approach for mapping canopy height in boreal forest regions [J]. Remote Sensing of Environment, 2012, 121: 458-471.

第 8 章

基于 UAV 的森林蓄积量估算技术

8.1 森林蓄积量调查概述

　　森林蓄积量仅限于尚未采伐的森林，指一定森林面积上活立木树干部分的材积总和，多用于统计较大的空间尺度(如国家、省、市或县)各种活立木的材积总量(孟宪宇，2006)。森林蓄积量不仅是森林资源调查的重要参数，也是衡量和评价区域森林资源数量特征、林地生产力高低及森林经营水平的重要因子。传统的森林蓄积量测量包括全林实测法和局部实测法2类。全林实测法通过对起测胸径(一般为5.0 cm)以上的所有活立木进行每木检尺，利用材积表换算森林蓄积量，是一种工作量大、精度高的方法，一般适用于调查范围较小、森林类型复杂、精度要求高等情况。局部实测法又包括标准地调查法和抽样调查法2种，是森林蓄积量测量的常用方法。标准地调查法是在典型的、具有充分代表性的地块设置一定数量的实测标准地，标准地的形状一般为方形、矩形、圆形或无边界的角规绕测点，通过对标准地内的林木进行每木检尺或角规绕测，计算每个标准地的森林蓄积量，将所有标准地的森林蓄积量进行算数平均计算林分单位面积的森林蓄积量。抽样调查法是基于数学抽样理论，将所有待测林木视为一个总体，随机从总体中按照一定规则抽取部分样本(即样地)进行调查，通过对样地内的林木进行每木检尺或角规绕测，计算每个样地的森林蓄积量，利用样地的森林蓄积量推算总体的森林蓄积量，常用的抽样调查包括系统抽样调查法和分层抽样调查法。

　　传统的森林蓄积量调查方法需要耗费大量的人力、物力，调查成本高、调查效率低。20世纪90年代以来，随着航天遥感技术的不断发展，采用卫星遥感影像进行森林蓄积量估测的研究越来越多。但是，卫星遥感数据存在高分辨率影像价格高、易受云层影响、识别和反演能力不足、实时更新慢等弊端(冯仲科，2019)。进入21世纪，无人机遥感技术作为一种新型的遥感数据获取手段，不仅可以弥补地面调查与航天/航空遥感之间的尺度空缺，可将调查点上的结果更准确地扩展至区域尺度，供大尺度森林资源调查与监测使用，还可获取高空间、高光谱、高时效的光学遥感数据以及高密度的激光雷达数据，为快速、精确获取单木/林分尺度的森林蓄积量信息提供了更加精细的数据支撑(王娟等，2020)，在此领域已有较多的科研尝试和探索，其技术方法的研建和推广应用具有重要的理论意义。

基于无人机遥感进行单木尺度的森林蓄积量估测主要通过蓄积量与树高、冠幅、胸径及郁闭度等参数之间的线性/非线性相关关系，建立蓄积量回归模型进而估算森林蓄积量(朱思名等，2020；汪霖，2020)。王伟(2015)利用无人机影像获取的冠幅和树高信息，编制了冠幅-材积一元航空立木材积表和冠幅、树高-材积二元航空立木材积表，对宏观森林蓄积量调查和监测提供了一定的借鉴作用。李亚东等(2017)以无人机高分辨率影像提取的树高和冠幅作为解释变量，基于二元材积模型采用最小二乘法估算森林蓄积量，其估算精度达81.80%。周小成等(2019)基于无人机高分辨率影像构建了冠层高度模型CHM，采用改进局部最大值法提取单木树高，并基于胸径-树高模型推算胸径，利用一元材积公式估测了马尾松林蓄积量。陈忠明(2019)以无人机遥感提取的杉木冠幅、株数及林分平均高为自变量，以实测林分因子估测的蓄积量为因变量，建立了蓄积量多元线性回归模型、对数模型及最小二乘回归模型，证明了利用无人机遥感提取森林蓄积量的可行性。综合相关研究结果发现，基于无人机遥感技术可以快速实现森林蓄积量的精确估算，既能够满足现代林业发展需求，还能够提升调查效率、减少调查成本，可为森林资源调查和更新提供重要的技术支撑。本节采用传统地面调查方法结合无人机遥感技术，以天然云南松纯林为研究对象，首先基于大样本样木的冠幅和胸径实测数据建立冠幅-胸径回归模型，采用目视解译法对单木冠幅进行精准提取，利用冠幅-胸径模型估算单木胸径，进而根据一元立木材积公式估算林分蓄积量，探索基于无人机遥感的林分蓄积量估算方法，旨在为林分蓄积量的遥感估算研究提供方法借鉴和理论依据。

8.2 无人机遥感森林蓄积量估算方法

基于遥感影像估算森林蓄积量主要包括林分水平和单木水平两个角度。单木水平的蓄积量估算主要通过获取单木树高、冠幅等测树因子，利用材积公式计算得到森林蓄积量；林分水平主要通过以遥感估算因子为自变量，以实测蓄积量为因变量，构建蓄积量估算模型，包括参数回归法(如线性回归法)和非参数法(如人工神经网络法)等(许子乾，2019)。本节采用单木水平的遥感估测法求算森林蓄积量，利用传统地面调查方法结合无人机遥感影像，以天然云南松纯林为研究对象，采用的技术路线如图8-1所示。

单木冠幅提取的准确性直接影响蓄积量的估测精度。基于高空间分辨率遥感影像获取单木冠幅的研究较多，如：①基于像元的单木冠幅获取，此方法首先采用局部最大值法、多尺度法及模板匹配法等算法探测树冠位置，再由像元点逐步生长至树冠边界，如分水岭分割法，种子区域生长法等(施慧慧等，2019)；②基于面向对象的单木冠幅获取，面向对象的方法能够较好利用无人机高分影像的光谱、纹理和形状信息，其中单木分割的准确性直接影响到冠幅提取的精度，最常见的分割方法为多尺度分割算法(郭昱杉等，2016)。相较于上述方法，目视解译法的冠幅提取精度更能满足林业调查的精度要求，其操作简单易于实现，但对解译者的要求较高，不确定性较大，且不适应于大范围单木冠幅的解译。郁闭度是森林蓄积量的重要影响因子之一，不同郁闭度的森林蓄积量存在显著差异。通过对郁闭度分级再构建冠幅-胸径二元回归模型，一定程度上减少了因郁闭度差异造成的估算误差，提升了估算模型的可靠性。

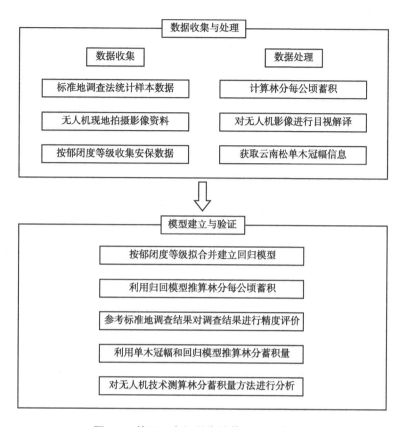

图 8-1 基于无人机影像的蓄积量估算技术

8.2.1 冠幅-胸径回归模型的研建

在树种、密度一定的条件下,林木的冠幅与胸径之间存在显著的正相关关系(张冬燕等,2019;郝建等,2019;董晨等,2016;许安芳等,1998)。冠幅与胸径生长的相关规律不受或少受立地条件与林分年龄条件的影响,但林分郁闭度对冠幅与胸径生长的相关规律存在一定影响(李赟,2017)。

表 8-1 常见冠幅-胸径回归模型形式

模型表达式	来源	模型表达式	来源
$CW=a+bD$	(邓宝忠等,2003)	$CW=aD^b$	(王勇,2014)
$\ln CW=a+b\ln D$	(卢昌泰等,2008)	$CW=\mathrm{EXP}(a+b/D)$	SPSS 自带函数模型
$CW=a+b/D$	SPSS 自带函数模型	$CW=\mathrm{EXP}(a+bD)$	(Sonme,2009)
$CW=a+bD+cD^2$	(Sonme,2009)	$CW=a\,\mathrm{EXP}(bD)$	SPSS 自带函数模型
$CW=a+bD+cD^2+dD^3$	(Sonme,2009)	$CW=1/(u^{-1}+abD)$	SPSS 自带函数模型
$CW=ab^D$	(Sanchez et al.,2008)		

注:CW 为冠幅,D 为胸径,a、b、c、d、u 为参数。

本实验首先依据森林资源规划设计调查技术规定，将林分按郁闭度等级划分为3级：Ⅰ级(低郁闭度，0.20~0.39)，Ⅱ级(中郁闭度，0.40~0.69)，Ⅲ级(高郁闭度，0.70以上)。在郁闭度分级的基础上，对实测的云南松单木冠幅和胸径进行相关性分析，以胸径为自变量，冠幅为因变量，随机各选取80%的样木为建模数据，20%的样木为检验数据，利用表8-1中的11个模型形式分别拟合冠幅-胸径回归模型，并对各模型进行精度和适用性评价，最终筛选各郁闭度等级的冠幅-胸径最优回归模型。

(1) 模型精度评价

利用调整后 R^2、F 值、P 值、估计标准误差 SEE(standard error of estimate)以及残差平方和 RSS(Residual Sum of Squares)对上述11个模型进行拟合优度及显著性评价。

① R^2：决定系数，取值在0和1之间，R^2 值越大，则表示因变量与自变量之间相关性越强。由于调整后 R^2 比 R^2 更准确，故采用调整后 R^2 对模型进行评价，计算公式如下：

$$R^2 = 1 - \frac{\sum_{i=1}^{n}(x_i - \hat{x}_i)^2}{\sum_{i=1}^{n}(x_i - \overline{x}_i)^2} \tag{8-1}$$

$$R^2_{\text{adjusted}} = 1 - \frac{(1-R^2)(n-1)}{n-p-1} \tag{8-2}$$

② SEE 和 RSS：估计标准误差 SEE 和残差平方和 RSS 越小，说明模型的拟合效果越好，计算公式如下：

$$SEE = \sqrt{\frac{SEE}{df}} \tag{8-3}$$

$$RSS = \sum_{i=1}^{n}(\hat{y}_i - y_i)^2 \tag{8-4}$$

式中　x_i——验证样本的实测胸径值；

　　　$\hat{x}_i$——回归模型预测的胸径值；

　　　$\overline{x}_i$——建模样本胸径的算术平均值；

　　　n——不同郁闭度等级的样木总株数；

　　　p——变量个数；

　　　df——自由度；

　　　y_i——实测值；

　　　$\hat{y}_i$——预测值。

③ F 值：模型的显著性检验，一般 $F > F_a(k, n-k-1)$（a 表示显著性水平，一般取0.05，k 为自变量个数，n 为样本容量，$n-k-1$ 为自由度）表示存在显著性影响。$P \leq 0.5$ 表示回归关系具有统计学意义。

(2) 模型适用性检验

通过上述模型精度评价筛选出拟合度较好的模型作为冠幅-胸径之间的最优关系模型，利用模型表达式和保留的验证数据反算出胸径的估测值，用于最优模型的适用性检验。本实验选用如下6个检验指标进行模型适用性检验。

①均方根误差 RMSE：又称标准误差，能够反映测量的准确性和精密度。

$$RMSE = \sqrt{\frac{\sum_{i=1}^{n}(\hat{y}_i - y_i)^2}{n-r}} \tag{8-5}$$

②总相对误差 TRE：

$$TRE = \frac{\sum y_i - \sum \hat{y}_i}{\sum y_i} \tag{8-6}$$

③平均绝对误差 MAE：可准确反映实测值误差的大小。

$$MAE = \frac{1}{n}\left|\sum_{i=1}^{n}(\hat{y}_i - y_i)\right| \tag{8-7}$$

④平均相对误差 MRE：即相对误差的平均。

$$MRE = \frac{1}{n}\sum_{i=1}^{n}\frac{|\hat{y}_i - y_i|}{y_i} \tag{8-8}$$

⑤平均百分标准误差 MPSE：通过百分比来衡量标准误差的大小。

$$MPSE = \frac{1}{n}\sum_{i=1}^{n}\frac{|y_i - \hat{y}_i|}{\hat{y}_i} \tag{8-9}$$

⑥模型总体精度 A：即一个模型总体预测值与其总体实测值的符合程度。

$$A = \left(1 - \frac{1}{n}\sum_{i=1}^{n}\frac{|\hat{y}_i - y_i|}{\hat{y}_i}\right) \times 100\% \tag{8-10}$$

式中　y_i——实测值；

　　　$\hat{y}_i$——预测值；

　　　n——样本数；

　　　r——参数个数。

8.2.2　单木冠幅的目视解译

目视解译是遥感图像解译的一种，又称目视判读，指专业人员通过直接观察或借助辅助判读仪器在遥感图像上获取特定目标地物信息的过程。其主要特点是依靠解译者的知识、经验和掌握的相关资料，通过大脑分析、推理和判断，提取遥感图像中有用的信息。本实验基于无人机高分辨率影像，采用目视解译的方法勾绘单木冠幅轮廓，并在 ArcGIS 软件中自动计算单木树冠面积和周长。

8.2.3　森林蓄积量估算

利用冠幅-胸径回归模型估算得到的胸径值为基础数据，采用一元立木材积公式计算单位面积的森林蓄积量。其中，天然云南松一元材积公式参数见表 8-2。

$$V = A \times D^B \times \left(a + \frac{b}{D+k}\right)^C \tag{8-11}$$

式中　V——单木材积；

D——单木胸径；

A、B、C、a、b、k——参数。

8.3 典型案例分析

本节以天然云南松纯林为对象，在开展标准地调查(共74个)的基础上，获取了无人机可见光遥感影像，经过无人机影像的预处理，生成正射影像(DOM)、数字表面模型(DSM)及数字地形模型(DTM)，进行了基于无人机可见光遥感影像的蓄积量估算技术研究，该技术方法可为森林资源调查提供有益参考。

8.3.1 外业调查及影像采集

实验区简况、标准地调查及无人机影像采集情况详见本书第6.3.1小节。现地选取有代表性的典型地块设置标准地，标准地大小为 25 m×25 m，共调查标准地 74 个，样木 1037 株。使用罗盘仪测量方位角、皮尺测量水平距离进行标准地周界测量；对标准地内胸径≥5.0 cm 的所有活力木进行每木检尺，实测每木树高和最长、最短冠幅，并对每木进行相对定位(罗盘仪测量方位角、皮尺测量水平距离)。

表8-2 西南地区主要树种/树种组一元立木材积公式参数

起源	树种/树种组	A	B	C	a	b	k
天然	金沙江流域云南松	0.000 058 290 117 5	1.979 634 4	0.907 151 55	57.279	2916.293	51
天然	澜沧江流域云南松	0.000 058 290 117 5	1.979 634 4	0.907 151 55	66.538	5260.696	79
天然	怒江流域云南松	0.000 058 290 117 5	1.979 634 4	0.907 151 55	48.979	1925.329	39
天然	滇东南云南松	0.000 058 290 117 5	1.979 634 4	0.907 151 55	49.070	2253.593	44
天然	滇中、滇东北云南松	0.000 058 290 117 5	1.979 634 4	0.907 151 55	28.722	750.391	25
天然	滇南云南松	0.000 058 290 117 5	1.979 634 4	0.907 151 55	44.486	2488.909	57
天然	扭曲云南松	0.000 058 290 117 5	1.979 634 4	0.907 151 55	43.492	2433.754	56
天然	滇西北华山松	0.000 059 973 839 0	1.833 431 2	1.029 531 50	34.763	1331.287	55
天然	滇中、滇东北、滇东南华山松	0.000 059 973 839 0	1.833 431 2	1.029 531 50	24.635	526.415	20
天然	思茅松	0.000 051 577 714 0	1.985 218 0	0.920 350 96	56.525	3391.181	62
天然	滇西北云杉	0.000 064 116 195 0	1.837 483 2	1.028 063 10	90.600	8183.079	90
天然	金沙江流域冷杉	0.000 071 171 252 0	1.932 732 6	0.911 612 29	62.705	4235.793	69
天然	澜沧江流域冷杉	0.000 071 171 252 0	1.932 732 6	0.911 612 29	81.026	6549.093	81
天然	高山松	0.000 061 238 922 0	2.002 396 9	0.859 275 42	34.432	894.400	24
天然	落叶松	0.000 068 320 000 0	1.741 360 0	1.115 350 00	55.337	3072.074	56
天然	杉木	0.000 058 777 042 0	1.969 983 1	0.896 461 57	68.849	5607.556	82
天然	滇西北油杉	0.000 057 173 591 0	1.881 330 5	0.995 688 45	39.488	1915.240	51
天然	滇中、滇东北、滇东南油杉	0.000 057 173 591 0	1.881 330 5	0.995 688 45	43.460	2864.617	67

(续)

起源	树种/树种组	A	B	C	a	b	k
天然	铁杉	0.000 057 173 591 0	1.881 330 5	0.995 688 45	68.067	7655.513	128
天然	金沙江、澜沧江流域栎类	0.000 059 599 784 0	1.856 400 5	0.980 562 06	26.359	468.887	15
天然	怒江流域栎类	0.000 059 599 784 0	1.856 400 5	0.980 562 06	55.609	3912.181	74
天然	滇东南栎类	0.000 059 599 784 0	1.856 400 5	0.980 562 06	42.623	2035.164	50
天然	滇中、滇东北栎类	0.000 059 599 784 0	1.856 400 5	0.980 562 06	28.383	684.745	23
天然	滇南栎类	0.000 059 599 784 0	1.856 400 5	0.980 562 06	44.655	3146.156	78
天然	滇西北阔叶树	0.000 052 750 716 0	1.945 032 4	0.938 853 30	24.297	355.277	13
天然	怒江流域南亚热带阔叶树	0.000 052 764 291 0	1.882 161 1	1.009 316 60	58.305	4374.501	80
天然	滇东南南亚热带阔叶树	0.000 052 764 291 0	1.882 161 1	1.009 316 60	37.222	737.584	17
天然	滇南亚热带阔叶树	0.000 052 764 291 0	1.882 161 1	1.009 316 60	33.070	696.312	19
天然	滇中、滇东北南亚热带阔叶树	0.000 052 764 291 0	1.882 161 1	1.009 316 60	32.704	928.331	28
天然	桦木	0.000 048 941 911 0	2.017 270 8	0.885 808 89	53.213	2841.531	53
人工	云南松	0.000 087 151 050 0	1.954 479 3	0.755 839 50	107.566	13 613.704	128
人工	华山松	0.000 073 535 020 0	2.001 569 4	0.788 883 50	23.677	667.080	31
人工	思茅松	0.000 075 592 900 0	1.941 310 0	0.823 880 00	12.876	157.087	14
人工	杉木	0.000 058 777 042 0	1.969 983 1	0.896 461 57	76.312	9519.404	127

8.3.2 影像预处理

利用Pix4Dmapper软件，对74个标准地的无人机航测原始影像进行预处理，生成正射影像(DOM)、数字表面模型(DSM)和数字地形模型(DTM)，处理方法详见本书第5.2小节。

8.3.3 云南松冠幅-胸径回归模型构建

分别对不同郁闭度等级的云南松冠幅和胸径绘制散点图，如图8-2所示。3个郁闭度等级的云南松冠幅和胸径呈正相关分布，不同郁闭度等级的冠幅-胸径回归模型见表8-3。

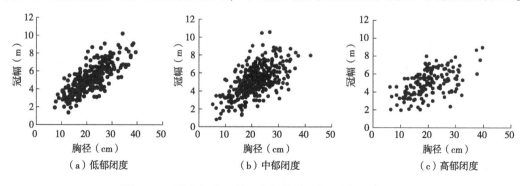

图8-2 不同郁闭度天然云南松林分冠幅-胸径散点分布

表 8-3　不同郁闭度天然云南松林分冠幅-胸径回归模型

郁闭度	模型编号	模型表达式	R^2	调整后 R^2	SE	RSS	F	P
低	1	$CW=1.216+0.183D$	0.579	0.578	1.028	301.271	391.964	0.000
	2	$\ln CW=-5.897+3.661\ln D$	0.560	0.559	1.051	314.803	362.864	0.000
	3	$CW=8.267-60.534/D$	0.491	0.489	1.130	364.216	274.968	0.000
	4	$CW=0.998+0.205D-0.0004925D^2$	0.579	0.576	1.030	301.067	195.523	0.000
	5	$CW=1.054+0.195D-0.00003239D^2-0.000006621D^3$	0.579	0.575	1.031	301.064	129.892	0.000
	6	$CW=2.218\times1.038^D$	0.556	0.554	0.217	13.428	356.778	0.000
	7	$CW=0.497D^{0.758}$	0.568	0.567	0.214	13.050	375.357	0.000
	8	$CW=\mathrm{EXP}(2.254-12.907/D)$	0.528	0.527	0.224	14.262	319.259	0.000
	9	$CW=\mathrm{EXP}(0.797+0.037D)$	0.556	0.554	0.217	13.428	356.778	0.000
	10	$CW=2.218\mathrm{EXP}(0.037D)$	0.556	0.554	0.217	13.428	356.778	0.000
	11	$CW=1/(0.451\times0.964D)$	0.556	0.554	0.217	13.428	356.778	0.000
中	1	$CW=1.694+0.164D$	0.393	0.392	1.290	622.723	242.272	0.000
	2	$\ln CW=-4.152+3.106\ln D$	0.399	0.398	1.284	616.578	248.414	0.000
	3	$CW=7.526-44.546/D$	0.347	0.346	1.338	669.763	198.988	0.000
	4	$CW=0.376+0.3D-0.003D^2$	0.404	0.401	1.280	611.397	126.505	0.000
	5	$CW=0.262+0.319D-0.004D^2+0.00001426D^3$	0.404	0.399	1.282	611.376	84.118	0.000
	6	$CW=2.247(1.037^D)$	0.395	0.393	0.286	30.626	244.235	0.000
	7	$CW=0.566D^{0.718}$	0.432	0.430	0.277	28.773	284.041	0.000
	8	$CW=\mathrm{EXP}(2.151-10.732/D)$	0.409	0.407	0.283	29.941	258.366	0.000
	9	$CW=\mathrm{EXP}(0.81+0.037D)$	0.395	0.393	0.286	30.626	244.235	0.000
	10	$CW=2.247\mathrm{EXP}(0.037D)$	0.395	0.393	0.286	30.626	244.235	0.000
	11	$CW=1/(0.445*0.964D)$	0.395	0.393	0.286	30.626	244.235	0.000
高	1	$CW=2.65+0.117D$	0.303	0.299	1.206	237.063	70.802	0.000
	2	$\ln CW=-1.521+2.221\ln D$	0.308	0.304	1.201	235.247	72.607	0.000
	3	$CW=6.802-31.689/D$	0.267	0.263	1.236	249.143	59.466	0.000
	4	$CW=1.856+0.2D-0.002D^2$	0.309	0.301	1.204	234.891	36.258	0.000
	5	$CW=-0.408+0.573D-0.02D^2+0.000276D^3$	0.322	0.309	1.197	230.540	25.489	0.000
	6	$CW=2.938(1.025^D)$	0.279	0.275	0.265	11.410	63.057	0.000
	7	$CW=1.197D^{0.471}$	0.298	0.294	0.261	11.102	69.330	0.000
	8	$CW=\mathrm{EXP}(1.956-6.895/D)$	0.272	0.267	0.266	11.522	60.877	0.000
	9	$CW=\mathrm{EXP}(1.078+0.024D)$	0.279	0.275	0.265	11.410	63.057	0.000
	10	$CW=2.373\mathrm{EXP}(0.036D)$	0.323	0.320	0.286	15.416	90.336	0.000
	11	$CW=1/(0.421\times0.965D)$	0.323	0.320	0.286	15.416	90.336	0.000

由表 8-3 可知，在 3 个郁闭度等级的天然云南松林中，11 种回归模型的显著性结果均为 0.000；低郁闭度林分的 $F_a=1.381$，中郁闭度林分的 $F_a=1.328$，高郁闭度林分的 $F_a=1.559$，$F>F_a(k, n-k-1)$ 均成立，因此认为列入模型的各个解释变量（胸径）联合起来对因变量（冠幅）具有显著性影响，即模型的回归关系成立。

经过比较分析，确定低郁闭度林分中，1 号和 7 号模型的拟合效果最好；中郁闭度林分中，7 号模型拟合效果最佳；高郁闭度林分中，10 号和 11 号模型拟合效果最好。中郁闭度和高郁闭度难以直观判断最优回归模型。因此将拟合效果较好的两个模型均进行适用性检验，经过对比分析选出最优模型。

将验证样地数据（单木冠幅值）分别代入待选回归模型中，进行单木胸径估算，得到对应的胸径预测值，与实际测量结果进行对比分析，结果见表 8-4。

表 8-4　不同郁闭度天然云南松林分冠幅-胸径回归模型适用性检验

郁闭度	模型表达式	RMSE	TRE	MAE	MRE	MPSE	A
低	$CW=1.216+0.183D$	58.37	-11.54	2.42	0.30	0.22	71.02
	$CW=0.497D^{0.758}$	67.15	-15.80	3.31	0.32	-5.44	72.85
中	$CW=0.566D^{0.718}$	42.46	8.53	-1.73	0.26	29.33	57.50
高	$CW=2.373\operatorname{EXP}(0.036D)$	33.08	-17.64	3.80	0.23	-12.82	80.78
	$CW=1/(0.421\times0.965D)$	35.40	-18.75	4.04	0.24	-13.62	80.33

在上述各模型的适用性检验中，各项误差指标的绝对值越接近于 0，说明误差越小，精度越高。经过对比判定：1 号模型为描述低郁闭度天然云南松林分冠幅-胸径关系的最优模型，7 号模型为描述中郁闭度天然云南松林分冠幅-胸径关系的最优模型，10 号模型能够最有效地描述高郁闭度天然云南松林分冠幅-胸径之间的回归关系。

由表 8-4 可知，3 个模型的函数参数均大于 0，符合线性函数变化趋势，说明冠幅与胸径呈正相关线性关系，即在数值上冠幅与胸径的大小显示为同增同减的趋势，此结果既符合林木的生物学生长规律，还符合林木的现实变化情况。模型通过了 F 检验和 T 检验，再次说明这 3 个模型能够有效描述天然云南松林分冠幅-胸径之间的回归关系。

8.3.4　云南松单木冠幅的目视解译

利用 ArcMap 软件进行目视解译，具体操作步骤包括：①目视勾绘单木冠幅边界；②单木树冠面积和周长统计。

根据上述步骤获取的单木轮廓如图 8-3 所示（以 15 号标准地为例），与实测冠幅对比结果见表 8-5。由图 8-3 可以看出，大部分树冠均能被准确识别，部分单木出现冠幅重叠现象。由表 8-5 可知，低郁闭度林分冠幅提取的平均绝对误差最大，为-0.50；高郁闭度林分次之，为-0.29；中郁闭

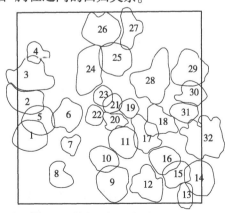

图 8-3　单木冠幅轮廓目视解译
（以 15 号标准地为例）

度林分最小,为-0.21,说明低郁闭度林分的冠幅提取值与实测值相差较大,但3组数据的平均相对误差均较小,分别为0.24、0.29和0.29,说明3个郁闭度等级单木冠幅的提取精度均较理想。

表8-5 单木冠幅提取精度分析

郁闭度	数量(株)	冠幅类别	数值范围(m)	平均值(m)	标准差	变异系数(%)	平均绝对误差	平均相对误差
低	361	实测	1.40~10.20	5.17	1.60	0.31	-0.50	0.24
		提取	1.55~10.01	4.67	1.50	0.32		
中	470	实测	0.85~10.60	5.03	1.63	0.32	-0.21	0.29
		提取	1.47~9.47	4.82	1.30	0.27		
高	206	实测	2.00~9.24	5.21	1.46	0.28	-0.29	0.29
		提取	2.12~9.06	4.92	1.38	0.28		

8.3.5 标准地蓄积量的估算

将云南松单木冠幅信息提取结果按照不同郁闭度等级进行分类,采用上述冠幅-胸径回归模型,进行云南松单木胸径的估算,得到的胸径估算值与实测值对比结果见表8-6。由表8-6可知,3个郁闭度林分的胸径估算值与实测值均较相近,估算结果较为理想。

表8-6 不同郁闭度林分胸径估算对比分析

郁闭度	类别	极大值	极小值	平均值	标准差	变异系数	平均相对误差
低	实测	39.4	6.3	21.1	6.61	0.31	0.33
	估算	48.1	1.8	18.9	8.18	0.43	
中	实测	41.9	5.1	20.9	6.14	0.29	0.31
	估算	51.5	3.9	20.6	7.67	0.37	
高	实测	39.5	6.0	20.3	6.34	0.31	0.33
	估算	37.6	1.6	19.4	7.81	0.40	

得到上述胸径估算值后,采用一元立木材积公式计算单位面积林分蓄积量。以标准地调查结果为参考值,对基于无人机遥感的林分蓄积量估算结果进行精度评价。

基于无人机遥感的不同郁闭度林分蓄积量估算结果如下:①低郁闭度林分中,基于无人机遥感的林分蓄积量估算结果与地面实测结果最小相差 0.048 m^3/hm^2,最大相差 74.592 m^3/hm^2,最小和最大相对误差分别为 0.099% 和 82.93%,其平均相对误差为 34.16%。最后计算得出的林分蓄积量估算精度为 65.84%。②中郁闭度林分中,基于无人机遥感的林分蓄积量估算结果与地面实测结果最小相差 1.808 m^3/hm^2,最大相差 58.224 m^3/hm^2,最小和最大相对误差分别为 2.23% 和 61.80%,其平均相对误差达 22.56%,最终计算得出的林分蓄积量估算精度达 77.44%。③高郁闭度林分中,基于无人机遥感的林分蓄积量估算结果与地面实测结果最小相差 0.432 m^3/hm^2,最大相差 44.224 m^3/hm^2,最小和最大相对误差分别为 0.47%和 40.37%，其平均相对误差为 16.51%，最终计算得出的林分蓄积量估测精度达 83.49%，基本能够满足林业生产单位对蓄积量宏观调查的精度要求。

8.3.6 精度评价

经过天然云南松 3 个郁闭度等级林分的冠幅-胸径相关关系的建模和检验后，得到基于无人机遥感技术估算林分蓄积量的对比结果见表 8-7。

表 8-7 不同郁闭度林分蓄积量估算结果对比分析

郁闭度	N	RMSE	TRE	MAE	MRE	MPSE	A
低	35	750.49	14.98	−8.81	0.34	26.68	53.12
中	29	577.93	−4.37	3.82	0.23	−1.40	78.65
高	10	496.60	4.83	−5.13	0.17	7.55	81.16

注：N 为标准地数量。

由表 8-7 可知，将 3 个估算模型应用于实践发现：低郁闭度林分无人机遥感估算林分蓄积量的平均精度为 53.12%；中郁闭度林分无人机遥感估算林分蓄积量结果中，$TRE=-4.37\%<-10\%$，平均估测精度为 78.65%；高郁闭度林分无人机遥感估算林分蓄积量结果中，$TRE=4.83\%<10\%$，平均估测精度达 81.16%。

8.4 技术总结

8.4.1 几点讨论

(1) 冠幅提取误差方面

本实验中冠幅提取时存在数据丢失及与估算结果个别偏差较大的现象。经过反复比对和分析发现，除了单木冠幅连接导致树冠重叠因素之外，还可能是由于目视解译过程中部分树冠边界未被识别导致单木树冠提取面积偏小等原因造成。自然生长的林分中，常出现冠幅重叠现象，为单木冠幅的精确解译带来了困难，解译者的经验也是影响冠幅提取误差的重要方面。

(2) 冠幅测量误差方面

本实验中的实测冠幅大小是由长冠幅和短冠幅决定，与孙钊（2020）研究中使用 8 个方向冠幅的均值决定冠幅大小相比，仅根据长冠幅和短冠幅计算平均冠幅可能会导致人为测量误差的增大，进而影响冠幅-胸径回归模型的拟合效果，最终影响林分蓄积量的估算精度。因此，提高实测冠幅的测量精度是研究的重要内容。

(3) 目视解译冠幅的适用性

本实验采用目视解译法提取单木冠幅精度虽然能够满足林业生产的要求，但在大尺度冠幅解译工作中并不适用。基于无人机高分辨率影像进行单木冠幅精确提取的研究逐渐增多，可选择工作量较小的计算机自动提取方法（如面向对象法、分水岭分割法等），以提高工作效率。

(4) 应综合考虑树高等因子对森林蓄积量估算的影响

本实验在单木水平进行天然云南松蓄积量估算,仅考虑了郁闭度和冠幅2个因子,未考虑树高等其他因子的影响。李亚东(2017)以无人机高分辨率影像提取的树高和冠幅作为解释变量,基于二元材积模型,采用最小二乘法估算了森林蓄积量,其估算精度达81.80%。同时,地形因子对林分蓄积量估算也会产生一定影响。苏迪(2020)基于无人机遥感影像及点云数据提取估算了林分平均高、平均胸径、坡度、坡向和海拔等信息,其蓄积量估算精度达88.43%。增加树高、地形等因子进行林分蓄积量估算仍有待在今后的研究中进一步改进和完善。

8.4.2 主要结论

本实验以天然云南松纯林为对象,基于无人机遥感影像,经过预处理得到 DOM、DSM 和 DTM,分别对不同郁闭度等级的天然云南松林分建立了冠幅-胸径回归模型,利用目视解译的方法提取了单木冠幅,研究了单木水平的云南松林分蓄积量的无人机遥感估算方法。由最终的林分蓄积量估算结果可知:目视解译方法能够精确提取云南松单木冠幅,提取精度达72%;最优的冠幅-胸径回归模型为:低郁闭度 $CW=1.216+0.183D$、中郁闭度 $CW=0.566D^{0.718}$、高郁闭度 $CW=2.373\text{EXP}(0.036D)$;基于无人机遥感技术估算林分蓄积量的平均估算精度分别为 53.12%(低郁闭度)、78.65%(中郁闭度)和 81.16%(高郁闭度)。蓄积量估算结果较为理想,为无人机遥感技术在蓄积量估算运用中提供了理论基础。

思考题

1. 什么是森林蓄积量?传统的森林蓄积量测量包括哪些类别?
2. 森林蓄积量的遥感估测需要考虑哪些影响因子?
3. 简述利用无人机遥感影像估算蓄积量的技术方法。
4. 常见的冠幅-胸径回归模型形式有哪些?
5. 回归模型进行精度评价主要采用哪些指标?
6. 回归模型进行适用性检验主要采用哪些指标?
7. 简述目视解译方法在单木冠幅提取的适用性。
8. 试述基于无人机遥感影像的森林蓄积量估算技术的发展方向。

参考文献

陈忠明. 基于无人机影像的杉木蓄积量反演研究[D]. 长沙:中南林业科技大学, 2019.

邓宝忠, 王素玲, 李庆君. 红松阔叶人工天然混交林主要树种胸径与冠幅的相关分析[J]. 防护林科技, 2003(4): 19-20, 34.

董晨, 吴保国, 张瀚. 基于冠幅的杉木人工林胸径和树高参数化预估模型[J]. 北京林业大学学报, 2016, 38(3): 55-63.

冯仲科. 我国现阶段精准林业关键技术与装备观览[J]. 国土绿化, 2019(5): 52-54.

郭昱杉, 刘庆生, 刘高焕, 等. 基于标记控制分水岭分割方法的高分辨率遥感影像单木树冠提取

[J]. 地球信息科学学报, 2016, 18(9): 1259-1266.

郝建, 贾宏炎, 杨保国, 等. 柚木冠幅与树高、胸径的回归分析[J]. 西北林学院学报, 2019, 34(3): 144-148.

李亚东, 冯仲科, 明海军, 等. 无人机航测技术在森林蓄积量估测中的应用[J]. 测绘通报, 2017(4): 63-66.

李赟. 基于UAV高分影像的林木冠幅提取与蓄积量估测研究[D]. 南京: 南京林业大学, 2017.

卢昌泰, 李吉跃. 马尾松胸径与根径和冠径的关系研究[J]. 北京林业大学学报, 2008, 30(1): 58-63.

孟宪宇. 测树学[M]. 北京: 中国林业出版社, 2006.

施慧慧, 王妮, 滕文秀, 等. 结合Gabor小波和形态学的高分辨率图像树冠提取方法[J]. 地球信息科学学报, 2019, 21(2): 249-258.

苏迪, 高心丹. 基于无人机航测数据的森林郁闭度和蓄积量估测[J]. 林业工程学报, 2020, 5(1): 156-163.

孙钊, 潘磊, 孙玉军. 基于无人机影像的高郁闭度杉木纯林树冠参数提取[J]. 北京林业大学学报, 2020, 42(10): 20-26.

汪霖. 基于无人机高分影像的森林参数估测方法[D]. 南京: 南京林业大学, 2020.

王娟, 陈永富, 陈巧, 等. 基于无人机遥感的森林参数信息提取研究进展[J]. 林业资源管理, 2020(5): 144-151.

王伟. 无人机影像森林信息提取与模型研建[D]. 北京: 北京林业大学, 2015.

王勇, 蒋燚, 黄荣林, 等. 广西江南油杉人工林冠幅与胸径相关性研究与应用[J]. 广东农业科学, 2014, 41(6): 62-65.

许安芳, 吴隆高, 胡中成, 等. 杉木地理种源胸径与冠幅相关检验及其应用[J]. 浙江林学院学报, 1998(2): 3-5.

许子乾. 基于无人机航测与激光雷达技术的林分特征及生物量估测[D]. 南京: 南京林业大学, 2019.

张冬燕, 王冬至, 范冬冬, 等. 不同立地类型华北落叶松人工林冠幅与胸径关系研究[J]. 林业资源管理, 2019(4): 69-73.

周小成, 何艺, 黄洪宇, 等. 基于两期无人机影像的针叶林伐区蓄积量估算[J]. 林业科学, 2019, 55(11): 117-125.

朱思名, 王振锡, 裴嫒, 等. 基于无人机影像的天山云杉林冠幅提取及蓄积量反演[J]. 干旱区资源与环境, 2020, 34(10): 160-165.

SANCHEZ G M, CANELLAS I, MONTERO G. Generalized height-diameter and crown diameter prediction models for cork oak forests in Spain [J]. Forest Systems, 2008, 16 (1): 76-88.

SONME T. Diameter at breast height-crown diameter prediction models for *Picea orientalis* [J]. African Journal of Agricaltural Research, 2009, 4 (3): 215-219.

第 9 章

基于 UAV 的树种识别技术

9.1 树种识别概述

森林树种的精准识别是森林参数提取的一项重要内容，是林业遥感领域的研究前沿和焦点，对于森林生态系统和生物多样性的宏观监测具有深远意义（张沁雨等，2019）。传统的森林树种识别主要依靠地面调查手段，根据林木的根、茎、叶、花和果等外部形态特征识别和鉴定。这种方法虽然准确，但存在诸多不足。首先，对于不具备交通条件的地块，可达性低、调查难度大；其次，依靠人工进行野外调查的成本高、耗时长，很难在短时间内实现宏观尺度的信息获取。遥感技术的快速发展为森林树种识别提供了技术手段。遥感以其宏观性、现势性和周期性等特点，为大范围森林资源信息的及时、准确、高效获取提供了有利条件（董元等，2020），已被广泛应用于森林资源调查领域。遥感技术的发展和成熟使得影像的空间分辨率和光谱分辨率不断提高，多时相、多尺度、多源遥感数据更加丰富，应用于森林树种的分类识别具有更广阔的发展空间。然而，受到"同谱异物"和"同物异谱"的影响，利用遥感手段识别森林树种一直是瓶颈问题（赵颖慧等，2019；张超等，2010）。自 2010 年以来，无人机作为一种新兴的遥感平台，可以搭载可见光、多光谱、高光谱和激光雷达等传感器，具有灵活、高效、便捷的特点，且获取影像过程受大气的干扰较小，在小区域遥感信息获取方面的应用前景好。无人机遥感手段的出现为森林树种的精准识别提供了新的手段（Axelsson et al.，2018）。

高空间分辨率的无人机遥感影像可为森林树种识别提供丰富的纹理信息，是国内外学者应用较多的一种数据源。滕文秀等（2019）利用无人机可见光遥感影像通过深度迁移学习的方法，对森林树种进行了遥感分类，其精度达 96%。利用无人机搭载的高光谱、多光谱和激光雷达传感器获得地表森林植被的高空间分辨率、高光谱分辨率的遥感影像，可为实现森林类型/树种（组）的识别提供更丰富的光谱信息和空间结构信息。Valderrama et al.（2018）利用无人机多光谱影像对红树林进行了分类识别，并进一步对红树林的健康状况进行遥感反演。相比光学遥感，激光雷达的穿透性较强，能够生成密集的三维点云数据，可提供与单木结构、冠层高度模型及森林垂直结构等相关的特征描述。在单木水平，复杂的几何特征有助于森林树种的分类识别。陈向宇等（2019）利用 LiDAR 点云数据提供的单木结构、纹理特征和冠型结构特征，按照不同的组合方式对 5 个森林树种进行了识别，其精度达 85%。不同遥感数据既可以单独用于森林树种识别，还可通过多源辅助结合以达到优势互补，以提高森林树种分类识别的精度。Matsuki et al.（2015）在对森林进行遥感分类时，通过结合光谱信息和 LiDAR 数据的冠层结构特征，对 16 种森林树种的总体分类精度达 82%。多源数据结合后相应的特征维度就会增加，过多的特征会对分类精度造成影响，因此需要从包含丰富信息的诸多特征中选择信息量大且冗余度低的特征进行森林树种识别。张大力（2019）认为，经过随机森林特征筛选之后的森林树种分类识别精度将显著提高。除了数据源和特征之外，森林树种识别的另一个关键技术问题是分类器的选择。传统的最大似然法、决策树属于需要进行参数优化的分类器，而非参数化分类器如随机森林（random forest，RF）、支持向量机（support vector machine，SVM）等则不需要假设数据符合正态分布，有利于将光谱/非光谱等特征数据纳入分类过程以提高精度。Dalponte et al.（2012）通过结合高光谱数据和 LiDAR 数据识别复杂地区的森林树种，证明了支持向量机分类器对多源数据分类结果的准确性。林志玮等（2018）基于无人机搭载的光学相机获取遥感影像，采用随机森林算法建立了森林植被分类识别模型。

综合诸多国内外学者的研究结果，利用无人机平台的优势，获取多源数据进行森林参数提取和森林树种的分类识别是当前林业遥感领域的研究热点。随着近地低空遥感技术以及无人机载传感器的不断发展，利用无人机遥感影像实现自动化森林树种识别技术，能够提高森林资源调查的工作效率，填补国内外林业遥感领域的技术空白。本节基于无人机获取的可见光和 LiDAR 数据，结合特征筛选方法，采用随机森林和支持向量机进行森林树种分类研究，旨在为今后基于无人机遥感的森林类型/树种（组）的识别提供方法参考。

9.2 无人机遥感树种识别方法

随着数据源的不断丰富和无人机遥感影像质量的提高，基于无人机遥感影像的森林树种识别正在向高精度的单木树种识别方向发展。综观国内外相关研究成果，基于无人机遥感影像的单木树种识别包括外业影像采集、单木分割、特征提取及筛选、执行分类、精度检验共 5 个过程，如图 9-1 所示。

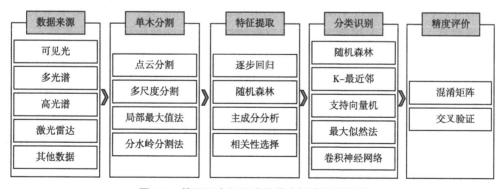

图 9-1 基于无人机遥感的单木树种识别技术

9.2.1 无人机遥感数据源

(1) 可见光影像

可见光(visible spectral)谱段(0.38~0.76 μm)是最早用于遥感对地观测的波段,包含红(Red)、绿(Green)、蓝(Blue)3个波段。自2010年以来,近地低空无人机平台快速发展,数码相机性能不断提高,使得高空间分辨率的无人机可见光遥感影像获取更加便捷。已有不少学者利用无人机采集的高空间分辨率可见光影像对森林树种的分类识别技术进行了探索(章晨,2019)。无人机可见光影像虽然包含的光谱信息较少,但因其具有空间分辨率高、成本低等优势,已逐步成为遥感精细识别中应用较多的一种数据源。

(2) 多光谱影像

多光谱影像(multispectral)是通过多波段探测器,将地物辐射范围较宽的电磁波谱分成若干个离散的谱段。除红、绿、蓝3个可见光波段外,常还包括近红外、红边等波谱范围,每个波段单独生成一幅灰度图像。相比星载多光谱影像,无人机载多光谱影像获取更加便捷。Hill et al. (2010)利用多时序的多光谱影像识别温带落叶林的6个典型森林树种,其精度达88%。相比可见光影像,多光谱影像在光谱方面具有明显优势,可利用可见光和近红外波段进行组合,计算各种植被指数。Valderrama et al. (2018)将多光谱影像结合 $NDVI$ 的组合算法对红树林进行了分类识别,并对红树林的健康状况进行了遥感反演。

(3) 高光谱影像

高光谱(hyperspectral)影像对目标的空间特征成像时,对每个空间像元经过色散形成数十个甚至数百个窄波段以进行连续的光谱覆盖,获取非常窄的连续光谱的影像数据。相比多光谱影像,高光谱影像的光谱信息更为丰富,成为目前森林树种遥感分类识别中应用较多的数据源。常用的星载高光谱影像包括 Hyperion、CHRIS、FTHSI、GF-5 和 HJ-1A 等。限于技术含量高、研发成本大,目前的无人机载高光谱影像仍处于初步发展阶段。Ferreira et al. (2016)通过研究发现,可见光、近红外和短波红外波段是森林树种分类识别的重要波段。在上述波段范围内,不同森林植被的理化特征和含水量等的差异能够在光谱反射率中得以表现和区分,为森林树种分类识别提供了重要特征。

(4) 激光雷达数据

激光雷达(LiDAR)通过主动发射激光束探测目标的位置、速度和形状等特征量,具有分辨率高、抗有源干扰能力强、低空探测性能好、获取数据速度快等特点。与传统的光学遥感相比,激光雷达的穿透能力强,激光束可穿透森林植被间隙,生成密集的三维点云,提供与单木、冠型、叶片形状和分枝方式等相关的森林垂直结构特征(董文雪,2018)。在单木水平,上述丰富的几何特征有助于森林树种的分类识别。卢晓艺(2019)以水杉、棕榈和橡胶树等5类树种为分类目标,利用 LiDAR 数据进行单木分离和识别,取得了较理想的分类结果。相关研究表明,LiDAR 数据可以有效提高森林树种分类识别的精度。同时,除了作为单一数据源进行森林树种分类识别,LiDAR 数据还可作为一种辅助数据,结合可将光、多光谱或高光谱影像以提高森林树种的分类识别精度。

9.2.2 单木分割方法

单木分割方法将点云或影像分割成多个部分，每个部分看作一株林木。在高郁闭度林分中，单木树顶难以确定常导致严重的过分割现象；同时，树冠之间的重叠致使存有欠分割现象。常用的单木分割方法包括点云分割、多尺度分割、局部最大值法和分水岭分割方法等。

将分割后的矢量数据与实地调查数据进行匹配，匹配规则为：①若分割矢量树冠内仅包含一个实地调查单木数据，则认为分割准确；②若分割矢量树冠不包含实地调查单木数据，则认为过分割，应删除该树冠；③若分割矢量树冠内包含多个实地调查单木数据，则认为欠分割，应进行手动调整(李丹等, 2019)。

9.2.3 特征提取与筛选方法

为达到分析和理解影像的目的，通过标记及统计量定量化描述影像性质的过程称为特征提取。诸多研究结果表明，在森林树种分类识别过程中，纳入相应的光谱特征及其衍生信息、纹理信息、几何信息及地形因子等，能够有效提高分类精度。纹理特征反映的是与图像色调变化有关的局部空间信息，包括林木的冠形、大小，茎的分枝方式，郁闭度，叶片的形状、密度等。林木在不同时期会因病虫害、气候和土壤背景等不同因素而呈现不同的纹理特征。有效结合物候、空间分布规律及纹理特征，能够提高森林树种的分类精度，能增强对"同物异谱"和"异物同谱"现象的区分。

特征提取和特征选择是遥感分类中的一个至关重要的过程，也是分类识别的一个必要条件。诸多特征变量及其组合为分类识别提供了一定的前提，但过多的特征变量构成的超维特征空间常面临参考数据集过小的问题。当样本数量有限时，会出现分类精度随特征维数的上升而降低的趋势。为了避免因样本数量少而导致出现过拟合问题，需要进行特征选择。常用的特征选择方法包括随机森林、主成分分析、最小噪声分离、逐步回归和相关性特征选择等。其中，随机森林分类器具有对输入变量个数不敏感、处理高维数据且无须特征选择、能较好泛化和抗过拟合的能力、训练速度快等特点，在特征筛选中应用较为广泛(Ba et al., 2020)。特征选择对减少特征冗余、提高分类精度具有显著效果。

9.2.4 遥感分类方法

传统的森林类型/树种(组)遥感分类方法包含非监督分类和监督分类。随后，许多相邻学科的相关理论不断引入到森林类型/树种(组)遥感分类中，如决策树、分形理论、小波变换、支持向量机、随机森林、神经网络和专家系统等(王怀警, 2018)，使森林类型/树种(组)遥感分类过程趋于智能化，形成了基于统计学理论、模糊集理论、神经网络、形态学理论、小波理论、遗传算法、尺度空间、多分辨率方法、非线性扩散方程等理论和分类算法。从最初的利用像元光谱、亮度识别森林类型/树种(组)信息，发展到基于多特征、面向对象和多尺度分割等的分类技术(张丽云, 2016)，其信息处理结果和精度也得到了进一步提高。值得说明的是，目前还没有一种遥感分类方法能够实现完全理想的森林树种分类结果。选择多种方法相结合将不失为一种有益的探讨。此外，由于不同森林树种分布的复杂性，仅基于遥感图像分类技术往往不能解决所有问题，探讨以森林树种空间分布特征为辅助决策的分类识别技术，将有助于提高分类识别的精度(张超等，2010)。

9.3 典型案例分析

9.3.1 外业调查及影像采集

(1) 实验区简况

实验区位于低山丘陵区，海拔介于 220~1092 m，土壤类型为黄红壤，年均气温16.8 ℃，年均降水量 1950.9 mm。实验区内的主要植被类型为常绿阔叶林、落叶阔叶林、混交林及灌丛，主要的乔木树种包括杉木(*Cunninghamia lanceolata*)、马尾松(*Pinus massoniana*)、山矾(*Symplocos sumuntia*)、鹅掌楸(*Liriodendron chinense*)、毛竹(*Phyllostachys heterocycla*)、木荷(*Schima superba*)和丝栗栲(*Castanopsis fargesii*)等，起源为天然次生林或人工林(图9-2)。

(a) 实验区无人机影像　　　　　　(b) 实验区典型群落

图 9-2　实验区位置及典型群落照片

(2) 标准地调查

对实验区进行全面踏查，现地选取有代表性的典型地块设置标准地 1 个，标准地大小为 100 m×100 m，实测林木 461 株。使用罗盘仪测量方位角、皮尺测量水平距离进行标准地周界测量；对标准地内胸径≥5.0 cm 的所有活力木进行每木检尺，记录树种名称，实测每木树高和最长、最短冠幅，并对每木进行相对定位(罗盘仪测量方位角、皮尺测量水平距离)，如图9-3所示。

(3) 无人机影像采集

由固定翼无人机搭载可见光传感器和激光雷达传感器获取。可见光传感器为 Sony ILCE-6000，有效像素为 2430 万。影像获取时以地面为基准，设置相对高度为 160 m，飞行速度为 6 m/s，平均航向重叠率为 80%，获取的可见光影像分辨率为 0.05 m。激光雷达传感器为 RIEGL VUX-1LR，通过近红外激光束和快速扫描实现数据的高速获取，波长为 1550 nm，激光离散束角为 0.5 mrad，激光脉冲发射频率为 820 kHz，视场角为 330°，垂直精度为 15 mm。将获取的可见光影像利用 Limapper 软件进行拼接处理，采用自动空中三角

图 9-3　标准地调查

测量(automatic aerial triangulation)和光束平差法(beam adjustment method)自动提取影像特征点，计算位置参数，经过几何校正、正射校正后拼接 DOM。

9.3.2　影像预处理

LiDAR 数据(图 9-4)的预处理包括：①去除空中噪点，提高数据质量；②从点云数据中分离地面点；③基于地面点生成数字高程模型；④利用 DEM 对点云进行归一化处理，将原始 LiDAR 点云的高程值减去其对应地面的 DEM 值，去除地形影响，使点云呈现地表真实形态；⑤利用首次回波插值生成的 DSM 与 DEM 差值生成 CHM(图 9-5)。

图 9-4　LiDAR 数据

图 9-5　冠层高度模型

对无人机获取的可见光影像以 LiDAR 数据为基准，在 ERDAS IMAGINE 软件中进行几何精校正（校正过程略），结果如图 9-6 所示。

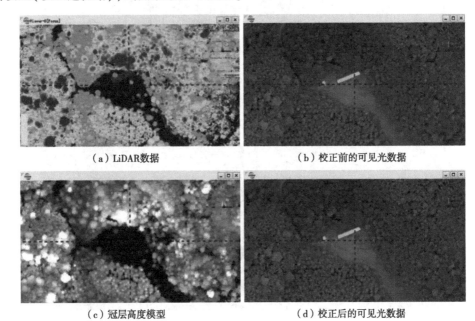

图 9-6 可见光影像的几何精校正

9.3.3 单木分割

采用分水岭分割算法基于 CHM 进行单木分割，获取单木的位置、冠幅、树冠面积及单木边界。再以 CHM 分割结果为基础，在 eCognition 软件中进行多尺度分割，得到单木树冠分割结果，根据地面实测数据进行单木分割结果检验。

基于 CHM 分割的主要操作步骤：运行 LIDAR360 软件，依次单击"机载林业"→"单木分割"→"CHM 分割"，出现"CHM 分割"界面，设置参数（参数设置及释义参考本书第 7.3.4 小节），执行分割，结果如图 9-7 所示。

图 9-7 CHM 分割结果

多尺度分割的主要操作步骤如下：

①运行 eCognition 软件，加载可见光影像和基于 CHM 分割的矢量结果；在"Process Tree"窗口单击"Append New"新建一个规则组，参数按默认设置（图 9-8）。

②在"Process Tree"窗口右击"Seg"，在弹出的对话框中单击"Insert Child"，在"Algorithm"下拉菜单选择"multiresolution segmentation"（多尺度分割），如图 9-9 所示。

"Edit Process"参数设置及释义如下：

Image Layer Weights：用于设置参与分割的波段权重，使包含影像信息较多的波段

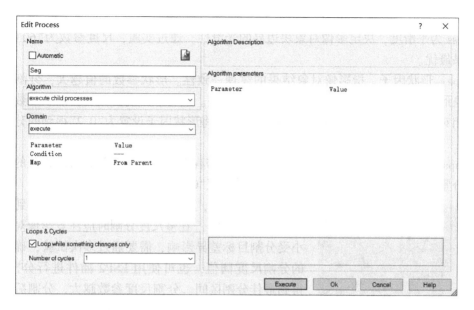

图 9-8　创建规则组

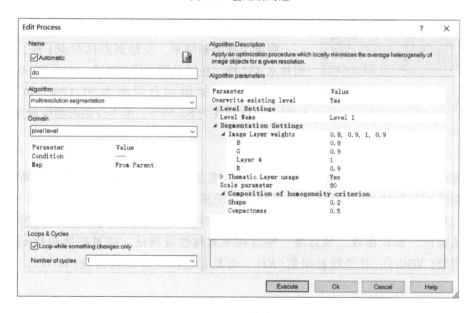

图 9-9　创建分割规则

或者对当前提取某一类专题信息用处较大的波段赋予较大的权重，而其他的无关紧要的波段可以不参与分割或者赋予较小的权重，从而提高信息提取的速度和精度。默认各波段的权重均为"1"，本例设置蓝光波段权重为"0.8"，绿光和红光波段权重为"0.9"。

Thematic Layer usage：指矢量专题图层是否参与分割，如无参考的矢量图层，则设置为"No"，本例设置为"Yes"（基于 CHM 分割的结果作为参考纳入分割）。

Scale parameter：尺度参数，指生成影像对象所允许的最大异质度，尺度参数值越大，影像对象结果越大。其算法为：shape = 1 − color；smoothness = (1 − compactness) * shape，smoothness 为平滑度，决定影像对象块边界的光滑性。通过实验，尺度参数为"60"时单木分割效果最优。

Shape：形状因子，指影像对象结果的纹理一致性。形状参数的值越大，分割结果的影像对象形状在大小上差异越小，对象表现越完整。进行多尺度分割时，形状参数与颜色参数是相对的，2参数值之和为1.0。通过实验，将形状因子设置为"0.2"得到的分割效果最优。

Compactness：紧致度，指分割对象整体的紧密程度，用于优化与紧致性相关的影像对象，区分紧凑和不紧凑的对象。本例设置为默认值"0.5"。

③执行规则，对细碎的树冠进行合并，得到最终分割结果(图9-10)。在多尺度分割时应注意影像对象的大小受分割目标差异影响，需要通过多次试验，确定合适的分割尺度阈值，也可使用 ESP2 插件进行分割实验，得到最佳分割区间。分割尺度参数越大，分割后对象的区块越大，一些小的树冠可能会被"淹没"，从而产生欠分割现象；分割尺度过小，分割结果"细碎"，一些大的单株阔叶树树冠可能会被分为多个树冠，导致过分割。

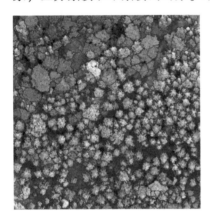

图 9-10　单木分割结果

根据上述分割结果，实地调查林木461株，分割得到林木437株，正确分割树冠372个，欠分割36个，过分割29个。计算得到召回率为91.17%，调和值为0.91，总体精度为80.69%，单木分割的精度较好。

9.3.4　特征提取

本例对可见光影像提取各波段的均值、标准差、偏度、贡献率以及纹理特征、几何特征和植被指数共32个特征。纹理特征基于灰度共生矩阵提取，包括均值、方差、信息熵、角二阶矩、相关性、异质性、对比度和同质性8个纹理参数。几何特征提取面积、长宽比、形状指数、紧致度、密度和不对称性等特征。植被指数包括归一化差异绿度指数(NDGI)、红色植被指数(RI)、可见光波段差异植被指数(VDVI)，计算公式如下：

$$NDGI = \frac{(G-R)}{(G+R)} \tag{9-1}$$

$$RI = \frac{(R-G)}{(R+G)} \tag{9-2}$$

$$VDVI = \frac{(G-R)+(G-B)}{(G+R)+(G+B)} \tag{9-3}$$

LiDAR数据特征提取包括首次回波和所有回波高度和强度的均值、最小值、最大值、标准差、方差、变异系数、峰度、偏度和分位数等。根据 Shi et al. (2018) 提出的以5%为间隔的分位数之间相关度较高，本例以1%为起始，5%为间隔，提取所有高度和强度特征的15个百分位数用于分类识别。

计算高度变量时，先在 x、y 方向根据一定的距离将点云空间划分成不同网格，然后根据指定的高度间隔将其进一步分割成不同的"层"。计算强度变量时，也是先在 x、y 方向根据一定的距离将点云空间划分成不同网格，用点云强度值计算每部分的强度变量。部分特征的计算公式如下：

①高度平均值绝对偏差：

$$H_{mad} = \frac{\sum_{i=1}^{n}(|Z_i - \bar{Z}|)}{n} \tag{9-4}$$

式中　Z_i——每一统计单元内 i 个点的高度值；

　　　$\bar{Z}$——每一统计单元内所有点的平均高度；

　　　n——每一统计单元内的总点数。

②强度平均值绝对偏差：

$$I_{mad} = \frac{\sum_{i=1}^{n}(|I_i - \bar{I}|)}{n} \tag{9-5}$$

式中　I_i——每一统计单元内第 i 个点的强度值；

　　　$\bar{I}$——每一统计单元内所有点的平均强度；

　　　n——每一统计单元内的总点数。

③冠层起伏率：

$$H_{ccr} = \frac{mean - min}{max - min} \tag{9-6}$$

式中　mean——每一统计单元内所有点的平均高度；

　　　min——每一统计单元内所有点的最小高度；

　　　max——每一统计单元内所有点的最大高度。

④累积高度（强度）百分位数（AIH，AII）：某一统计单元内，将其内部所有归一化的激光雷达点云按高度（强度）进行排序并计算所有点的累积高度（强度），每一统计单元内 $X\%$ 的点所在的累积高度（强度），即为该统计单元的累积高度（强度）百分位数，统计的累积高度（强度）百分位数包含15个，即1%、5%、10%、20%、25%、30%、40%、50%、60%、70%、75%、80%、90%、95%和99%。

⑤高度变异系数：

$$H_{cv} = \frac{Z_{std}}{Z_{mean}} \times 100\% \tag{9-7}$$

式中　Z_{std}——每一统计单元内所有点高度值的标准差；

　　　Z_{mean}——每一统计单元内所有点的平均高度。

⑥强度变异系数：

$$I_{cv} = \frac{I_{std}}{I_{mean}} \times 100\% \tag{9-8}$$

式中 I_{std}——每一统计单元内所有点强度值的标准差；

I_{mean}——每一统计单元内所有点的平均强度。

⑦密度变量：将点云数据从低到高分成10个相同高度的切片，每层回波数的比例即为相应的密度变量。

⑧高度峰度：

$$H_{kurtosis} = \frac{\frac{1}{n-1}\sum_{i=i}^{n}(Z_i - \bar{Z})^4}{\sigma^4} = \frac{\sum_{i=i}^{n}Z_i^4 + 6\bar{Z}^2\sum_{i=i}^{n}Z_i^2 - 4\bar{Z}\sum_{i=i}^{n}Z_i^3 - 4\bar{Z}^3\sum_{i=1}^{n}Z_i + n\bar{Z}^4}{(n-1)\sigma^4} \tag{9-9}$$

式中 Z_i——每一统计单元内第 i 个点的高度值；

$\bar{Z}$——每一统计单元内所有点的平均高度；

n——每一统计单元内的总点数；

σ——统计单元内点云高度分布的标准差。

⑨强度峰度：

$$I_{kurtosis} = \frac{\frac{1}{n-1}\sum_{i=i}^{n}(I_i - \bar{I})^4}{\sigma^4} = \frac{\sum_{i=i}^{n}I_i^4 + 6\bar{Z}^2\sum_{i=i}^{n}I_i^2 - 4\bar{Z}\sum_{i=i}^{n}I_i^3 - 4\bar{I}^3\sum_{i=1}^{n}I_i + n\bar{I}^4}{(n-1)\sigma^4} \tag{9-10}$$

式中 I_i——每一统计单元内第 i 个点的强度值；

$\bar{I}$——每一统计单元内所有点的平均强度；

n——每一统计单元内的总点数；

σ——统计单元内点云高度分布的标准差。

⑩高度(强度)百分位数：某一统计单元内，将其内部所有归一化的激光雷达点云按高度(强度)进行排序，然后计算每一统计单元内 $X\%$ 的点所在的高度(强度)，即为该统计单元的高度(强度)百分位数。统计的高度百分位数包含15个，即1%、5%、10%、20%、25%、30%、40%、50%、60%、70%、75%、80%、90%、95%和99%。

⑪高度百分位数四分位数间距：

$$H_{iqr} = elev75\% - elev25\% \tag{9-11}$$

式中 ele75%——75%高度百分位数；

ele25%——25%高度百分位数。

⑫强度百分位数四分位数间距：

$$I_{iqr} = int75\% - int25\% \tag{9-12}$$

式中 int75%——75%强度百分位数；

int25%——25%强度百分位数。

⑬高度偏斜度(偏态)：

$$H_{skewness} = \frac{\frac{1}{n-1}\sum_{i=i}^{n}(Z_i - \bar{Z})^3}{\sigma^3} = \frac{\sum_{i=i}^{n}Z_i^3 - 3\bar{Z}\sum_{i=i}^{n}Z_i^2 + 3\bar{Z}^2\sum_{i=1}^{n}Z_i - n\bar{Z}^3}{(n-1)\sigma^4} \tag{9-13}$$

式中　Z_i——每一统计单元内第 i 个点的高度值；

　　　$\bar{Z}$——每一统计单元内所有点的平均高度；

　　　n——每一统计单元内的总点数；

　　　σ——统计单元内点云高度分布的标准差。

⑭强度偏斜度（偏态）：

$$I_{skewness} = \frac{\frac{1}{n-1}\sum_{i=i}^{n}(I_i - \bar{I})^3}{\sigma^3} = \frac{\sum_{i=i}^{n}I_i^3 - 3\bar{I}\sum_{i=i}^{n}I_i^2 + 3\bar{I}^2\sum_{i=1}^{n}I_i - n\bar{I}^3}{(n-1)\sigma^4} \tag{9-14}$$

式中　I_i——每一统计单元内第 i 个点的强度值；

　　　$\bar{I}$——每一统计单元内所有点的平均强度；

　　　n——每一统计单元内的总点数；

　　　σ——统计单元内点云强度分布的标准差。

LiDAR 数据变量特征提取的主要操作如下：运行 LIDAR360 软件，加载 LiDAR 数据，依次单击"机载林业"→"高度（强度）变量"，设置像元大小和高度阈值（图 9-11），完成高度（强度）变量提取，也可基于多边形计算高度变量和强度变量。

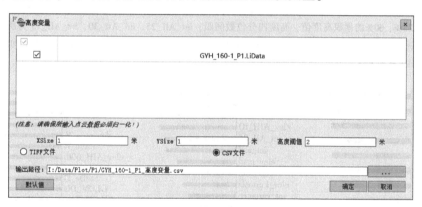

图 9-11　LiDAR 变量提取

9.3.5　特征筛选

众多特征变量及其组合为森林树种分类提供了丰富信息。当样本数量有限时，通常出现分类精度随特征维数上升而下降的现象。因此，为了避免"维数灾难"产生过拟合现象，就需要进行特征约简，减少冗余特征，保留对森林树种识别贡献度较大的特征。常用的特征筛选方法包括主成分分析法、特征递归消除法、遗传算法和随机森林算法等。随机森林回归算法可以在进行分类前对要分类的特征进行重要值排序，计算模型的准确率，方便筛选效果较好的特征（孔嘉鑫，2020）。因此，本例在 R 中使用随机森林算法进行特征筛选。

经过随机森林算法特征筛选后，可见光保留红光波段均值、蓝绿红 3 个波段的贡献率、红光波段、绿光波段的标准差、纹理因子冠幅面积等 13 个特征；LiDAR 数据保留首次回波高度和强度变量的平均绝对偏差、最大值、最小值、中位数和峰度等 17 个特征；

可见光和 LiDAR 结合保留共 18 个特征，具体特征因子见表 9-1，不同数据源特征对森林树种分类识别的重要性如图 9-12 所示。

表 9-1 特征筛选后的保留特征因子

数据源	保留特征
可见光	StdDe_R、StdDe_G、GLCM_Hom、Mean_R、GLCM_Ang 2、GLCM_Dis、Area_Pxl、skewness_R、Ratio_G、Ratio_R、NDGI、RI、Ratio_B
LiDAR	elev_aad、int_percentile_60th、int_AII_75、elev_max、elev_AIH_IQ、elev_AIH_25th、int_skewness、int_variance、elev_kurtosis、elev_min、elev_madmedian、int_aad、int_AII_25、elev_AIH_IQ、int_stddev、int_AII_30、elev_AIH_25th
可见光、LiDAR	int_stddev、VDVI、StdDe_R、Max_diff、Mean_R、GLCM_Hom、int_mad、GLCM_Entr、GLCM_Dis、StdDe_G、Ratio_G、elev_AIH_60th、Ratio_R、skewness_R、RI、int_AII_30、NDGI、Ratio_B

注：StdDe_R 和 StdDe_G 分别为红光波段和绿光波段的标准差；Mean_R 为红光波段均值；GLCM_Hom、GLCM_Ang 2、GLCM_Dis 和 GLCM_Entr 为对象的一致性、角二阶矩、异质性和信息熵；Area_Pxl 和 Skewness_R 为冠幅和红光波段偏斜度；Ratio_B、Ratio_G、Ratio_R 为蓝绿红 3 个波段的贡献率；NDGI、RI、VDVI 分别为归一化差异绿度指数、红色植被指数和可见光波段差异植被指数；Max diff 为最大化差异；elev_aad、elev_max、elev_min、elev_mad、elev_kurtosis 为首次回波高度平均绝对偏差、最大值、最小值、中位数和峰度；elev_AIH_25th、elev_AIH_60th 和 elev_AIH_IQ 为所有回波 25%、60% 的累积高度值、高度四分位数间距；int_AII_25、int_AII_30、int_AII_75 为所有回波 25%、30%、75% 的累积强度值；int_aad、int_variance、int_stddev、int_mad、int_skewness 为首次回波强度平均绝对偏差、方差、标准差、中位数和偏度。

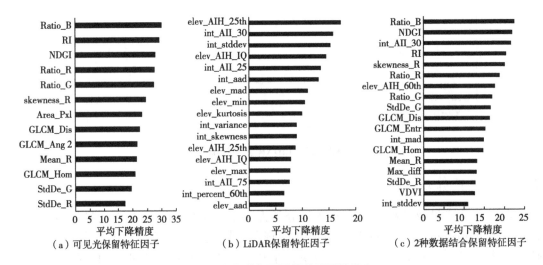

图 9-12 保留特征因子及其重要性排序

从特征重要性排序可以看出，在使用可见光数据时，蓝光波段比率的贡献度最大，红色植被指数、归一化差异绿度指数贡献度次之，红光和绿光波段比率、红光波段偏度、冠幅面积和纹理信息也有较好表现；在使用 LiDAR 数据时，25% 累积高度值贡献度最大，总体看来，强度变量的贡献度大于高度变量；当 2 种数据结合后，不同数据源的特征重新组合，原本单一数据源特征的重要性发生变化，形成对分类结果贡献度最佳的特征组合。

9.3.6 树种分类结果及精度评价

为了更全面地对比分析多源无人机遥感影像对单木树种分类识别结果的影响作用，探究特征筛选的效果以及不同特征在树种分类识别中的重要程度，本例以单木分割结果为对象，分别使用 2 种数据（可见光和 LiDAR 数据），是否经过特征筛选，以及 2 种分类器（随机森林算法 RF、支持向量机 SVM），共 12 种遥感分类方案对实验区的 4 个乔木树种（组）进行遥感分类。标准地内的 4 个乔木树种（组）分别为杉木、马尾松、山矾和其他阔叶树（主要包括鹅掌楸、丝栗栲和苦槠等），遥感分类方案见表 9-2。

表 9-2 不同组合分类方案

分类方案	特征筛选	数据源	分类器
I	否	可见光	RF
II	否	可见光	SVM
III	否	LiDAR	RF
IV	否	LiDAR	SVM
V	否	可见光、LiDAR	RF
VI	否	可见光、LiDAR	SVM
VII	是	可见光	RF
VIII	是	可见光	SVM
IX	是	LiDAR	RF
X	是	LiDAR	SVM
XI	是	可见光、LiDAR	RF
XII	是	可见光、LiDAR	SVM

各分类方案的最终分类结果见表 9-3。仅使用可见光影像时，方案 VIII（经过特征筛选后 SVM 分类）分类结果最优，精度达 88.89%，其中，山矾的分类精度最高，达 90.86%，杉木次之。仅使用 LiDAR 数据时，方案 X（经特征筛选进行 SVM 分类）分类结果最优，精度达 78.47%，其中，马尾松识别效果最好。当可见光与 LiDAR 数据结合使用时，方案 XII（经过特征筛选之后进行 SVM 分类）分类结果最优，精度达 90.93%，杉木识别结果最好，其他阔叶树精度最低。

表 9-3 树种分类结果及精度评价

分类方案	参数	分类精度(%)				OA(%)	Ka
		杉木	马尾松	山矾	其他阔叶树		
I	PA	90.53	50.00	87.80	36.32	85.40	0.68
	UA	85.30	68.42	82.31	71.43		
II	PA	91.53	57.69	87.56	57.89	87.70	0.71
	UA	86.40	83.75	83.02	85.65		

(续)

分类方案	参数	分类精度(%)				OA(%)	Ka
		杉木	马尾松	山矾	其他阔叶树		
Ⅲ	PA	92.16	36.92	51.22	33.68	73.60	0.40
	UA	76.92	46.67	61.76	69.23		
Ⅳ	PA	88.61	31.54	60.97	33.16	76.71	0.42
	UA	77.62	72.33	76.65	73.54		
Ⅴ	PA	93.69	50.00	90.24	23.68	84.16	0.65
	UA	85.14	72.22	90.00	64.29		
Ⅵ	PA	93.27	80.77	94.56	44.74	88.61	0.75
	UA	90.30	87.36	89.56	88.20		
Ⅶ	PA	92.53	50.00	90.24	34.21	86.65	0.70
	UA	87.44	68.42	62.50	82.25		
Ⅷ	PA	92.53	50.00	95.12	37.47	88.89	0.75
	UA	87.75	82.85	90.86	87.24		
Ⅸ	PA	93.08	35.38	53.66	36.32	73.91	0.40
	UA	77.81	60.00	66.67	62.50		
Ⅹ	PA	90.69	25.38	56.09	30.53	78.47	0.45
	UA	79.92	78.00	76.67	74.68		
Ⅺ	PA	91.07	50.00	90.24	41.58	86.02	0.69
	UA	85.65	81.25	92.50	80.00		
Ⅻ	PA	90.32	65.38	93.56	57.89	90.93	0.83
	UA	90.79	88.40	89.02	82.36		

9.4 技术总结

9.4.1 几点讨论

(1) 单木分割方面

首先基于 CHM 分割提取样木边界，再以分割结果为基础进行多尺度分割，能够将单木树冠边缘细化，得到单木精细树冠边界，与曾霞辉等(2020)在利用无人机影像进行单木树冠提取的研究结果一致。

(2) 特征筛选对树种分类结果的影响方面

采用多源遥感数据对森林树种进行分类时，在特征筛选后，相比未进行特征筛选结果，仅使用可见光影像时 RF 和 SVM 的精度均提高 1.25% 和 1.19%，仅使用 LiDAR 数据的精度提高了 0.31% 和 1.76%，2 种数据源结合的精度提高了 1.86% 和 2.32%。不论单一数据源抑或 2 种数据结合，在经过特征筛选后，总体平均精度提高了 1.45%。特征筛选能够减少冗余特征和特征共线性的影响,提高分类精度和计算效率。不同的特征对森林树种分类的贡献度不同。光谱特征对于分类的贡献度最大,蓝光波段和绿光波段对识别有较大影响,可能由于不同树种的色素含量不同,色素中叶绿素、类胡萝卜素、花青素、叶黄素的含量和绿色波段的反射率有紧密联系(Pham,2016)。几何特征、纹理特征贡献度次之,这些特征能够表征林木的冠型。纹理特征是一种全局特征,可以描述图像区域对应地物的表面性质。LiDAR数据的高度变量和密度变量对于树种区分同样具有重要贡献,其中强度变量在区分树种时表现更加稳定。

(3)不同数据源对分类结果的影响方面

从不同分类器的分类结果可以看出,不同数据源对森林树种分类的影响不同。可见光影像的空间分辨率较高,在单木分割时能够准确区分单木树冠,其光谱特征和纹理特征对识别的贡献度较大。LiDAR数据的首回波强度对分类也有较大贡献且表现稳定,首回波强度均值对冠层条件较为敏感,能够准确描述树冠结构和形态学特征。将2种遥感数据源结合,充分利用可见光的光谱和纹理特征与LiDAR数据特征,提高了森林树种的分类精度,总体平均精度提高6.01%,这与诸多研究得出的结果是一致的。

9.4.2 主要结论

本实验通过将2种无人机遥感数据源进行不同组合,在特征筛选和未进行特征筛选下用RF和SVM进行树种分类,对比分析了不同分类方案的精度。2种数据源各有优势,无论是单一数据源还是2种数据源相结合,在经过特征筛选后,树种分类精度较单一数据源均有不同程度的提高,除LiDAR数据外,精度均可达85%以上。

特征优选对树种分类精度的提升发挥了积极作用。但是,由于不同特征优选方法所基于的模型和原理存在差异,单一特征优选方法所得分类结果可能存在片面之处,故应考虑通过多种特征优选方法联合使用的方式获取优选特征。RF分类方法在本实验中由于样本数量过少,适用性较低;SVM分类器在训练样本数量有限的情况下表现出良好的性能,减少了错分、漏分现象。多源遥感数据结合可大幅提高分类精度,证明近地低空无人机平台在森林树种分类识别方面具有良好的应用空间。未来,以多源无人机遥感数据为基础的森林树种的精准、高效识别将向多模式方向发展。

思考题

1. 简述传统的森林树种识别方法。
2. 森林树种遥感识别常用的数据类型包括哪些?各具有哪些特点?
3. 简述利用无人机遥感影像进行森林树种识别的技术方法。
4. 常用的遥感图像分类方法有哪些?
5. 在进行森林树种遥感识别时,LiDAR数据的预处理主要包括哪些内容?
6. 简述多尺度分割的主要操作步骤。
7. 在进行森林树种遥感识别时,特征提取一般包括哪些特征因子?

8. 常用的特征筛选方法包括哪些?

参考文献

陈向宇, 云挺, 薛联凤, 等. 基于激光雷达点云数据的树种分类[J]. 激光与光电子学进展, 2019, 56(12): 203-214.

董文雪. 基于机载激光雷达及高光谱数据的亚热带森林乔木物种多样性遥感监测研究[D]. 北京: 中国科学院大学, 2018.

董元, 董梦, 单莹. 基于高光谱遥感的树种识别[J]. 华北理工大学学报(自然科学版), 2020, 42(4): 11-16.

孔嘉鑫. 基于无人机遥感影像的亚热带常绿落叶阔叶混交林树种分类与识别[D]. 上海: 华东师范大学, 2020.

李丹, 张俊杰, 赵梦溪. 基于 FCM 和分水岭算法的无人机影像中林分因子提取[J]. 林业科学, 2019, 55(5): 180-187.

林志玮, 丁启禄, 涂伟豪, 等. 基于多元 HoG 及无人机航拍图像的植被类型识别[J]. 森林与环境学报, 2018, 38(4): 444-450.

卢晓艺. 基于 LiDAR 数据的树种识别研究[D]. 南京: 南京林业大学, 2019.

滕文秀, 温小荣, 王妮, 等. 基于深度迁移学习的无人机高分影像树种分类与制图[J]. 激光与光电子学进展, 2019, 56(7): 277-286.

王怀警. 森林类型高光谱遥感分类研究[D]. 北京: 中国林业科学研究院, 2018.

曾霞辉, 王颖, 曾掌权, 等. 无人机影像树冠信息提取研究[J]. 中南林业科技大学学报, 2020, 40(8): 75-82.

张超, 王妍. 森林类型遥感分类研究进展[J]. 西南林学院学报, 2010, 30(6): 83-89.

张大力. 基于多光谱 CCD 影像和 LiDAR 数据的单木树种分类研究[D]. 哈尔滨: 东北林业大学, 2019.

张丽云. 基于高光谱遥感数据的森林树种分类[D]. 北京: 北京林业大学, 2016.

张沁雨, 李哲, 夏朝宗, 等. 高分六号遥感卫星新增波段下的树种分类精度分析[J]. 地球信息科学学报, 2019, 21(10): 1619-1628.

章晨. 基于深度学习的无人机遥感城市森林树种分类研究[D]. 杭州: 浙江农林大学, 2019.

赵颖慧, 张大力, 甄贞. 基于非参数分类算法和多源遥感数据的单木树种分类[J]. 南京林业大学学报(自然科学版), 2019, 43(5): 103-112.

AXELSSON A, LINDBERG E, OLSSON H. Exploring multi-spectral ALS data for tree species classification [J]. Remote Sensing, 2018(10): 183.

BA A, LASLIER M, DUFOUR S, et al. Riparian trees genera identification based on leaf-on/leaf-off airborne laser scanner data and machine learning classifiers in northern France [J]. International Journal of Remote Sensing, 2020, 41 (5): 1645-1667.

DALPONTE M, BRUZZONE L, GIANELLE D. Tree species classification in the southern Alps based on the fusion of very high geometrical resolution multispectral /hyperspectral images and LiDAR data [J]. Remote Sensing of Environment, 2012, 123: 258-270.

FERREIRA M P, ZORTEA M, ZANOTTA D C, et al. Mapping tree species in tropical seasonal semi-deciduous forests with hyperspectral and multispectral data [J]. Remote Sensing of Environment, 2016, 179: 66-78.

HILL R A, WILSON A K, GEORAGE M, et al. Mapping tree species in temperate deciduous woodland using time-series multi-spectral data [J]. Applied Vegetation Science, 2010(13): 86-99.

MATSUKI T, YOKOYA N, IWASAKI A. Hyperspectral tree species classification of Japanese complex mixed forest with the aid of Lidar data [J]. IEEE Journal of Selected Topics in Applied Earth Observations and Remote Sensing, 2015, 8 (3): 2177-2187.

PHAM H, BRABYN L, ASHRAF S. Combining QuickBird, LiDAR, and GIS topography indices to identify a single native tree species in a complex landscape using an object-based classification approach [J]. International Journal of Applied Earth Observation & Geoinformation, 2016, 50: 187-197.

SHI Y, WANG T, SKIDMORE A K, et al. Important LiDAR metrics for discriminating forest tree species in Central Europe [J]. ISPRS Journal of Photogrammetry and Remote Sensing, 2018, 137: 163-174.

VALDERRAMA L L, FLORES F, KOVACS J M, et al. An assessment of commonly employed satellite-based remote sensors for mapping mangrove species in Mexico using an NDVI-based classification scheme [J]. Environmental Monitoring & Assessment, 2018, 190: 23-35.

下篇

实践操作

实践 1　多旋翼无人机基础飞行

1. 实践目的
通过实践，了解和掌握多旋翼无人机的基本硬件构造及功能、各项飞行前的准备工作、基本驾驶的操作方法及紧急状况下的操作技能。

2. 实践工具
以组为单位，每组所需工具：多旋翼无人机(1 套)，无人机电池(3~5 块)，实践飞行记录本(1 本)。

3. 实践方式
室外分组开展，每组 3~5 人，每 3 组由 1 名飞行教师指导。

4. 实践内容及要求

(1) 安全飞行知识回顾

①相关法律法规对民用无人机室外飞行的规章约束；②民用无人机在重点目标区域(敏感区域)的飞行许可；③在各种可能出现的紧急状况下的操作预案。

(2) 多旋翼无人机硬件组成及功能介绍

基于实践用多旋翼无人机使用手册，介绍硬件组成及其各自的功能、参数指标：①机架；②飞行控制模块；③GPS 模块；④电机和螺旋桨；⑤电子调速器；⑥电池；⑦遥控器；⑧无线图像传输模块；⑨云台和相机；⑩地面站软件。

(3) 飞行前的准备工作

①起降场地的选取；②设备的安装及状态检查；③飞行航线的准备；④熟悉地面站软件。

(4) 基础飞行练习

每人的飞行时间约 20~30 min，至少 2 次进行如下飞行练习内容：

①检查飞行器和遥控器的电量；②安装和准备飞行器；③安装和准备遥控器；④上电开机；⑤检查地面站软件中各部件的状态信息；⑥设定并熟悉遥控动作；⑦手动/自动起飞；⑧手动/自动悬停；⑨控制飞行(对于初学者的飞行高度和距离均应控制在 15~30 m)：前、后、左、右、旋转；⑩机头朝向的实时判断；⑪手动/自动返航降落；⑫断电关机。

(5) 外业飞行总结

①飞行前的准备工作内容；②起飞和降落的操作内容；③多旋翼无人机在航线飞行时机头的判定方法；④紧急状况下的处置方法。

5. 实践结果
每人独立完成至少 2 次的基础飞行练习，初步了解和掌握多旋翼无人机飞行的基础知识和操作方法。

6. 实践报告要求

每人撰写书面实践报告，包括具体实践步骤及详细操作方法、结果及分析、问题讨论。重点报告的内容包括：

①需要事先获得飞行许可的重点目标区域有哪些？

②飞行前需进行哪些准备工作？

③如何实时判断多旋翼无人机的机头朝向？

④多旋翼无人机起飞和降落过程的注意事项？

⑤可能出现的紧急状况有哪些？应如何操作？

实践 2　多旋翼无人机林业航测

1. 实践目的

通过实践，了解和掌握基于单镜头可见光多旋翼无人机的林地高空间分辨率遥感影像采集的外业航测操作技能。

2. 实践工具

以组为单位，每组所需工具：搭载单镜头可见光镜头的多旋翼无人机(1 套)，无人机电池(3~5 块)，实践飞行记录本(1 本)，地面控制点标志(可选，5~9 个，视具体需要)，差分 GPS 系统(可选，1 套，视具体需要)。

3. 实践方式

室外分组开展，每组 3~5 人，每 3 组由 1 名飞行教师指导。

4. 实践内容及要求

(1) 作业区踏查

①了解作业区内是否包含需事先获得飞行许可的重点目标区域。
②了解作业区的范围、边界、地形、植被和土壤等的分布情况。
③特别注意作业区内海拔较高的地物，如山峰、林木、建筑物和输电线路等。
④判断并选定适合的起降场地。

(2) 地面控制点测量(可选)

在精度要求较高、相关条件具备的情况下，可在航测之前采用差分 GPS(differential GPS，DGPS)系统进行地面控制点的布设和测量。

①GCP 的数量。视精度要求和作业区地形的复杂程度确定，数量不宜过少。
②GCP 的标志。在 A4 尺寸的白板上，打印醒目、清晰的"+"形标志及编号，平置于每个 GCP 位置。
③GCP 的布设。采用单点方案或加密方案，尽可能均匀地分布于作业区。
④GCP 的测量。采用差分 GPS 系统测量各 GCP 的坐标信息，投影平面坐标系一般设置为 WGS84-UTM。

(3) 地面站软件介绍

以 DJI GS Pro 为例，介绍地面站软件的功能和参数指标。

(4) 航线规划及飞行

每人的飞行时间约 20~30 min，至少 2 次进行如下飞行练习内容：①检查飞行器和遥控器的电量；②安装和准备飞行器；③安装和准备遥控器；④上电开机；⑤检查地面站软件中各部件的状态信息；⑥设定并熟悉遥控动作；⑦在地面站软件手动绘制测区范围；⑧设置参数信息：相机型号、相机朝向、拍照模式、飞行高度(至少 2 次飞行，可根据实际情况分别设置为 50 m，100 m，…)、飞行速度、图像重复率、主航线角度、边距、云台俯仰角度、任务完成动作；⑨执行飞行及完成任务；⑩手动/自动返航降落；⑪断电关机；

⑫图像导出。

(5)外业飞行总结

①航测起飞前的踏查内容；②地面控制点的布设方法；③航线自动规划软件的设置和使用方法。

5. 实践结果

每人独立完成至少 2 次的航测飞行练习，每次飞行均提交作业区航测图像，初步了解和掌握航线规划的基础知识和操作方法。

6. 实践报告要求

每人撰写书面实践报告，包括具体实践步骤及详细操作方法、结果及分析、问题讨论。重点报告的内容包括：

①作业区踏查的内容包括哪些？

②地面控制点如何布设和测量？

③航线规划的主要技术方法及注意事项包括哪些？

④为了保证飞行过程的遥控和图传信号稳定，应如何操作？

⑤每组提交至少 2 次的作业区航测图像(电子版)。

实践 3 标准地协同调查

1. 实践目的
通过实践，了解和掌握林业标准地调查的主要操作技能。

2. 实践工具
以组为单位，每组所需工具：森林罗盘仪(1 套)，皮尺(30 m，1 卷)，胸径尺(1 卷)，花杆(1 对)，记录夹(1 个)，调查表(至少 2 份)，像控点标志(4 个)，坐标方格纸(内业绘图使用，至少 2 张)，三角板和量角器(内业绘图使用，各 1 个)，科学计算器(1 个)，草稿纸和白色粉笔(若干)。

3. 实践方式
室外分组开展，每组 3~5 人。

4. 实践内容及要求

(1) 标准地位置选取
事先对作业区进行全面踏查，在具有代表性的典型地块设置标准地。现地选取标准地时，应遵循如下原则：

①要能够充分代表作业区内林分的总体特征。
②必须设置在同一林分内。
③不能跨越河流、道路，应离开林缘。
④树种、林木密度分布应尽量均匀。

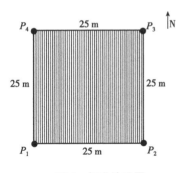

图 1 标准地设置

(2) 标准地规格
以 25 m×25 m 的方形标准地为例(图 1)，设置为正南正北方向(便于与无人机航测影像叠合)。标准地的 4 个角点分别为 P_1、P_2、P_3、P_4。

(3) 标准地周界测量
利用森林罗盘仪测量方位角、皮尺测量距离，从 P_1 点开始，进行闭合导线测量，依次定位 P_2、P_3、P_4，闭合差应小于 1/100。在各角点位置放置像控点标志("+"形，便于对无人机航测影像进行几何精校正)。

注意：①每条边的水平距离应为 25 m，若遇某边所在地形的坡度≥5°时，应进行坡度改正(公式 $L=25/\cos S$，式中：L 为皮尺测量某边的斜边距离，S 为某边所在地形的坡度)；②进行森林罗盘仪读数时，要读取无铜线端所指的刻度值。

(4) 标准地基本因子调查
针对标准地的总体概况，开展基本因子调查，具体调查方法可参考《森林资源规划设计调查主要技术规定》(国家林业局，2003)，在此不再赘述。

(5) 每木调查

对标准地内所有胸径≥5.0 cm 的活立木进行统一编号，分别测量每木的如下内容：

①树种名称。

②位置：将森林罗盘仪架设于被测林木附近的某角点（测站），测量该角点（测站）至该林木的方位角和水平距离。

③胸径：使用胸径尺分别测量每木的上坡位胸径。

④树高：使用森林罗盘仪测坡度角、皮尺测水平距离，分别测量每木树高。

⑤冠幅：使用皮尺分别测量每木最长冠幅和最短冠幅（水平直径）。

(6) 绘制样木分布图

以 1∶100 为比例尺，在坐标方格纸上，使用三角板和量角器绘制每木树干位置和平均冠幅，每个标准地绘制 1 张样木分布图。

(7) 外业调查总结

①标准地现地的测设方法；②标准地调查的主要内容及操作方法；③填写调查表的注意事项。

5. 实践结果

每组至少完成 2 个标准地的外业调查，每个标准地提交 1 份标准地协同调查记录表和 1 份样木分布图，了解和掌握标准地调查的操作方法。

6. 实践报告要求

每人撰写书面实践报告，包括具体实践步骤及详细操作方法、结果及分析、问题讨论。重点报告的内容包括：

①标准地位置选取应遵循哪些原则？

②简述标准地周界测量的具体方法和过程？

③为什么必须进行坡度改正？如何进行坡度改正？

④标准地每木调查包括哪些内容？

⑤每组提交至少 2 个标准地的标准地协同调查记录表和样木分布图（纸质版）。

标准地协同调查记录表

标准地编号:＿＿＿＿＿＿＿＿＿＿＿＿＿＿＿＿＿＿＿＿＿＿＿

标准地位置:＿＿＿＿＿＿＿＿＿＿＿＿＿＿＿＿＿＿＿＿＿＿＿

飞行顺序号:＿＿＿＿＿＿＿＿＿＿＿＿＿＿＿＿＿＿＿＿＿＿＿

标准地大小:＿＿＿＿＿＿＿＿＿＿＿＿＿＿＿＿＿＿＿＿＿＿＿

优势树种:＿＿＿＿＿＿＿＿＿＿＿＿＿＿＿＿＿＿＿＿＿＿＿

调查日期:＿＿＿＿＿＿＿＿＿＿＿＿＿＿＿＿＿＿＿＿＿＿＿

飞行时间:＿＿＿＿＿＿＿＿＿＿＿＿＿＿＿＿＿＿＿＿＿＿＿

照片编号:＿＿＿＿＿＿＿＿＿＿＿＿＿＿＿＿＿＿＿＿＿＿＿

调查人员:＿＿＿＿＿＿＿＿＿＿＿＿＿＿＿＿＿＿＿＿＿＿＿

标准地周界测量

测站	方位角 θ (精确至 1°)	坡度 S (精确至 1°)	斜距 L (精确至 0.01 m)	水平距 D (精确至 0.01 m)	累计水平距 (精确至 0.01 m)
例：$P_2 \to P_3$	0	10	25.39	25.00	25.00
例：$P_2 \to P_1$	270	7	25.19	25.00	25.00
例：$P_3 \to P_4$	270	5	25.10	25.00	25.00
例：$P_4 \to P_1$	180	9	25.31	25.00	25.00

注：闭合差： cm。

标准地基本因子调查

1. 坐标 X	2. 坐标 Y	3. 地类	4. 土地所有权	5. 土地使用权	6. 林木所有权	7. 林木使用权
8. 林地类别	9. 事权	10. 保护等级	11. 群落结构	12. 健康等级	13. 自然度	14. 亚林种
15. 优势树种	16. 起源	17. 龄组	18. 平均年龄	19. 郁闭度	20. 平均胸径	21. 平均高
22. 林木蓄积	23. 林木株数	24. 散生木蓄积	25. 散生木株数	26. 枯木蓄积	27. 灌木名称	28. 灌木高度
29. 灌木盖度	30. 草本名称	31. 草本高度	32. 草本盖度	33. 竹林株数	34. 林层	35. 海拔区间
36. 坡度	37. 坡向	38. 坡位	39. 土壤亚类	40. 土层厚度	41. 腐殖质类型	42. 腐殖质厚度
43. 岩裸率	44. 立地类型	45. 经营措施	46. 工程类别	47. 其他备注		

标准地每木调查

树号	树种	测站	方位角 (至 1°)	水平距离 (至 0.01m)	胸径 (至 0.1cm)	树高 (至 0.1m)	最长冠幅 (至 0.01m)	最短冠幅 (至 0.01m)	备注

第 页,共 页

实践4 无人机影像预处理——Pix4Dmapper

1. 实践目的

通过实践，了解常用无人机航测影像处理软件 Pix4Dmapper 的主要功能和界面，掌握利用 Pix4Dmapper 软件进行林业无人机航测影像预处理的主要步骤和操作方法。

2. 实践工具

每人所需工具：便携式/台式计算机(1台)，Pix4Dmapper(测试版)，无人机航测图像(1个作业区)，地面控制点文件(可选，视具体需要)。

3. 实践方式

室内不分组，每人独立完成。

4. 实践内容及要求

(1) Pix4Dmapper 软件功能概述

①了解该软件的主要功能和界面布局。

②熟悉该软件用于无人机航测图像预处理的主要步骤。

③熟悉该软件预处理的主要成果及导出方法。

(2) 基于 Pix4Dmapper 的无人机影像预处理操作

①原始资料的准备；②新建工程；③添加图像；④设置相机型号；⑤设置处理选项模板；⑥快速检测；⑦导入地面控制点文件(可选)；⑧设置输出坐标系；⑨初始化处理；⑩点云及纹理；⑪DSM、正射影像图及指数；⑫预处理结果导出。

(3) 内业操作总结

①Pix4Dmapper 软件处理航测影像的主要技术流程；②Pix4Dmapper 软件处理后的主要成果及特点。

5. 实践结果

每人独立完成1个作业区的无人机航测图像预处理练习，初步了解和掌握 Pix4Dmapper 软件的林业无人机航测影像预处理操作方法，得到该作业区航测影像预处理的主要结果：数字正射影像(DOM)、数字表面模型(DSM)、3D 点云、3D 网格纹理和质量报告。

6. 实践报告要求

每人撰写书面实践报告，包括具体实践步骤及详细操作方法、结果及分析、问题讨论。重点报告的内容包括：

①简述 Pix4Dmapper 软件的主要功能。

②详述 Pix4Dmapper 软件用于林业无人机航测影像预处理的主要技术流程。

③详述 Pix4Dmapper 软件预处理的具体操作方法及注意事项。

④详述 Pix4Dmapper 软件预处理的主要成果。

⑤每人提交作业区航测影像预处理的主要结果(电子版)。

实践 5　无人机影像预处理——Menci APS

1. 实践目的
通过实践，了解常用无人机航测影像处理软件 Menci APS 的主要功能和界面，掌握利用 Menci APS 软件进行林业无人机航测影像预处理的主要步骤和操作方法。

2. 实践工具
每人所需工具：便携式/台式计算机(1 台)，Menci APS(测试版)，无人机航测图像(1 个作业区)，地面控制点文件(可选，视具体需要)。

3. 实践方式
室内不分组，每人独立完成。

4. 实践内容及要求

(1) Menci APS 软件功能概述
①了解该软件的主要功能和界面布局。
②熟悉该软件用于无人机航测图像预处理的主要步骤。
③熟悉该软件预处理的主要成果及导出方法。

(2) 基于 Menci APS 的无人机影像预处理操作
①原始资料的准备；②新建工程；③设置相机模型；④添加图像；⑤设置坐标系统；⑥设置匹配策略；⑦导入地面控制点文件(可选)；⑧设置批处理过程；⑨DSM 结果导出；⑩网格纹理结果导出；⑪DTM 结果导出；⑫DOM 结果导出。

(3) 内业操作总结
①Menci APS 软件处理航测影像的主要技术流程；②Menci APS 软件处理后的主要成果及特点。

5. 实践结果
每人独立完成 1 个作业区的无人机航测图像预处理练习，初步了解和掌握 Menci APS 软件的林业无人机航测影像预处理操作方法，得到该作业区航测影像预处理的主要结果：数字正射影像(DOM)、数字表面模型(DSM)、数字地形模型(DTM)、3D 点云、网格纹理和质量报告。

6. 实践报告要求
每人撰写书面实践报告，包括具体实践步骤及详细操作方法、结果及分析、问题讨论。重点报告的内容包括：
①简述 Menci APS 软件的主要功能。
②详述 Menci APS 软件用于林业无人机航测影像预处理的主要技术流程。
③详述 Menci APS 软件预处理的具体操作方法及注意事项。
④详述 Menci APS 软件预处理的主要成果。
⑤每人提交作业区航测影像预处理的主要结果(电子版)。

实践6　无人机影像预处理——PhotoScan

1. 实践目的

通过实践，了解常用无人机航测影像处理软件 PhotoScan 的主要功能和界面，掌握利用 PhotoScan 软件进行林业无人机航测影像预处理的主要步骤和操作方法。

2. 实践工具

每人所需工具：便携式/台式计算机(1 台)，PhotoScan(测试版)，无人机航测图像(1 个作业区)，地面控制点文件(可选，视具体需要)。

3. 实践方式

室内不分组，每人独立完成。

4. 实践内容及要求

(1) PhotoScan 软件功能概述

①了解该软件的主要功能和界面布局。
②熟悉该软件用于无人机航测图像预处理的主要步骤。
③熟悉该软件预处理的主要成果及导出方法。

(2) 基于 PhotoScan 的无人机影像预处理操作

①原始资料的准备；②新建工程；③相机校准；④添加照片；⑤导入地面控制点文件(可选)；⑥对齐照片；⑦优化图片对齐；⑧建立密集点云；⑨生成网格和纹理；⑩生成 DEM 导出；⑪生成 DOM 导出。

(3) 内业操作总结

①PhotoScan 软件处理航测影像的主要技术流程；②PhotoScan 软件处理后的主要成果及特点。

5. 实践结果

每人独立完成 1 个作业区的无人机航测图像预处理练习，初步了解和掌握 PhotoScan 软件的林业无人机航测影像预处理操作方法，得到该作业区航测影像预处理的主要结果：数字正射影像(DOM)、数字高程模型(DEM)、3D 点云、网格纹理和质量报告。

6. 实践报告要求

每人撰写书面实践报告，包括具体实践步骤及详细操作方法、结果及分析、问题讨论。重点报告的内容包括：

①简述 PhotoScan 软件的主要功能。
②详述 PhotoScan 软件用于林业无人机航测影像预处理的主要技术流程。
③详述 PhotoScan 软件预处理的具体操作方法及注意事项。
④详述 PhotoScan 软件预处理的主要成果。
⑤每人提交作业区航测影像预处理的主要结果(电子版)。

实践 7　无人机影像预处理——ERDAS IMAGINE

1. 实践目的

通过实践，了解常用遥感图像处理软件 ERDAS IMAGINE 的主要功能和界面，掌握利用 ERDAS IMAGINE 软件进行林业无人机航测影像预处理的主要步骤和操作方法。

2. 实践工具

每人所需工具：便携式/台式计算机（1 台），ERDAS IMAGINE（测试版），经过 Pix4Dmapper 软件预处理后得到的数字正射影像（DOM）和数字表面模型（DSM），经过 Menci APS 软件预处理后得到的数字正射影像（DOM）。

3. 实践方式

室内不分组，每人独立完成。

4. 实践内容及要求

(1) ERDAS IMAGINE 软件功能概述

图像数据的输入/输出、图像增强、图像纠正、数据融合、图像变换、图像分类、空间分析/建模、数字摄影测量等。

(2) 基于 ERDAS IMAGINE 的几何校正

①加载待校正影像（经过 Pix4Dmapper 软件预处理后得到的 DOM）；②加载参考影像（经过 Menci APS 软件预处理后得到的 DOM）；③启动几何校正；④校正模型选择（多项式模型）；⑤控制点选取（建议 5~13 个）；⑥RMS 计算；⑦设置重采样方法；⑧校正结果输出；⑨校正效果对比。

(3) 基于 ERDAS IMAGINE 的图像裁剪

①基于手绘多边形的裁剪；②基于矢量文件的裁剪。

(4) 三维显示

①加载校正后的 DOM 和 DSM；②调整叠放顺序；③运行 Image Drape；④通过 LOD Control 调整显示细节和角度；⑤制图输出。

(5) 内业操作总结

①利用 ERDAS IMAGINE 软件进行几何校正的主要技术流程和操作方法；②几何校正时选取地面控制点的注意事项。

5. 实践结果

每人独立完成 1 个作业区的无人机航测图像几何校正、图像裁剪和三维显示练习，初步了解和掌握 ERDAS IMAGINE 软件的林业无人机航测影像预处理操作方法，得到该作业区航测影像预处理的主要结果：校正和裁剪后的数字正射影像（DOM）、校正和裁剪后的数字表面模型（DSM）。

6. 实践报告要求

每人撰写书面实践报告，包括具体实践步骤及详细操作方法、结果及分析、问题讨论。重点报告的内容包括：

①简述 ERDAS IMAGINE 软件的主要功能。
②详述几何校正的主要技术流程和操作方法。
③进行几何校正时，控制点如何选取？
④详述图像裁剪的主要技术流程和操作方法。
⑤每人提交作业区航测影像预处理的主要结果（电子版）。

实践 8 无人机影像预处理——ArcMap

1. 实践目的

通过实践，了解常用地理信息系统软件 ArcMap 的主要功能和界面，掌握利用 ArcMap 软件进行林业无人机航测影像预处理的主要步骤和操作方法。

2. 实践工具

每人所需工具：便携式/台式计算机(1 台)，ArcMap(测试版)，经过几何校正及裁剪后的数字正射影像(DOM)和数字表面模型(DSM)。

3. 实践方式

室内不分组，每人独立完成。

4. 实践内容及要求

(1) ArcMap 软件功能概述

数据的输入、编辑、显示、查询与量算、空间分析分析、专题制图等。

(2) 矢量图层创建及编辑

①点状图层创建；②线状图层创建；③面状图层创建；④属性表编辑。

(3) 基于 ArcMap 的投影变换

①定义投影；②投影变换。

(4) 基于 ArcMap 的空间量算

①点实体量算位置；②线实体量算长度；③面实体量算面积。

(5) 基于 ArcMap 的地形分析

①坡度分析；②坡向分析；③等高线生成；④流域分析。

(6) 基于 ArcMap 的林业地图制图

①制图版式设置；②图例样式调整；③注记信息添加；④制图要素添加；⑤基本图制图输出；⑥林相图制图输出；⑦森林分布图制图输出。

(7) 内业操作总结

①矢量图层的编辑方法；②投影变换的方法；③空间查询与量算的方法；④地形分析的方法；⑤林业地图制图的方法。

5. 实践结果

每人独立完成 1 个作业区的无人机航测图像投影变换、空间量算、地形分析、林业地图制图练习，初步了解和掌握 ArcMap 软件的林业无人机航测影像预处理操作方法，得到该作业区航测影像预处理的主要结果：坡度栅格图层、坡向栅格图层、等高线矢量图层、流域边界矢量图层、基本图、林相图、森林分布图。

6. 实践报告要求

每人撰写书面实践报告，包括具体实践步骤及详细操作方法、结果及分析、问题讨论。重点报告的内容包括：
　　①详述投影变换的主要技术流程和操作方法。
　　②详述空间量算的主要技术流程和操作方法。
　　③详述地形分析的主要技术流程和操作方法。
　　④详述林业地图制图的主要技术流程和操作方法。
　　⑤每人提交作业区航测影像预处理的主要结果(电子版)。

实践9　无人机影像解译——冠幅提取

1. 实践目的
通过实践，了解单木冠幅及株数密度、郁闭度提取的主要步骤和操作方法。

2. 实践工具
每人所需工具：便携式/台式计算机(1台)，ENVI(测试版)或LIDAR360(测试版)，Matlab(测试版)，经过几何校正及裁剪后的数字正射影像(DOM)和数字表面模型(DSM)，标准地调查数据。

3. 实践方式
室内不分组，每人独立完成。

4. 实践内容及要求

(1) 生成冠层高度模型(CHM)
①点云去噪；②地面点分类；③DEM生成；④点云归一化；⑤CHM构建。

(2) DOM去噪处理
①基于Sobel算子的边缘检测；②基于Prewitt算子的边缘检测；③基于Canny算子的边缘检测。

(3) 单木冠幅分割
①开闭重建运算；②强制最小值；③标记控制分水岭分割。

(4) 单木冠幅提取
①基于树梢标记的分水岭分割提取；②精度评价。

(5) 株数密度提取
①基于单木冠幅分割数据的株数计算；②单位面积上的株数密度计算。

(6) 郁闭度提取
①基于单木冠幅分割数据的林冠面积计算；②林冠面积占林地总面积的比值(郁闭度)计算。

(7) 内业操作总结
①冠层高度模型的生成方法；②单木冠幅分割和提取方法。

5. 实践结果
每人独立完成1个作业区的无人机航测图像单木冠幅提取练习，初步了解和掌握基于无人机航测影像的单木冠幅提取操作方法，得到该作业区的主要结果：冠层高度模型(CHM)、单木冠幅分割结果、精度评价表、株数密度提取结果、郁闭度提取结果。

6. 实践报告要求
每人撰写书面实践报告，包括具体实践步骤及详细操作方法、结果及分析、问题讨论。重点报告的内容包括：
①详述冠层高度模型生成的操作方法。

②详述3种边缘检测算子的操作方法。
③详述单木冠幅分割的主要技术流程和操作方法。
④详述株数密度和郁闭度提取的操作方法。
⑤每人提交作业区单木冠幅提取的主要结果(电子版)。

实践 10 无人机影像解译——树高估算

1. 实践目的

通过实践，了解单木树高提取的主要步骤和操作方法。

2. 实践工具

每人所需工具：便携式/台式计算机(1台)，LIDAR360(测试版)，经过几何校正及裁剪后的数字正射影像(DOM)和数字表面模型(DSM)，标准地调查数据。

3. 实践方式

室内不分组，每人独立完成。

4. 实践内容及要求

(1) 生成冠层高度模型(CHM)

①点云去噪；②地面点分类；③DEM生成；④点云归一化；⑤CHM构建。

(2) 单木树高提取

①CHM分割法提取树高；②点云分割法提取树高；③CHM种子点分割法提取树高；④层堆叠种子点分割法提取树高；⑤精度评价。

(3) 林分平均高计算

①算术平均高；②条件平均高。

(4) 内业操作总结

①基于CHM分割法进行树高提取的方法；②基于点云分割法进行树高提取的方法；③基于CHM种子点分割法进行树高提取的方法；④基于层堆叠种子点分割法进行树高提取的方法。

5. 实践结果

每人独立完成1个作业区的无人机航测图像单木树高提取练习，初步了解和掌握基于无人机航测影像的单木树高提取操作方法，得到该作业区的主要结果：冠层高度模型(CHM)、单木树高提取结果、精度评价表。

6. 实践报告要求

每人撰写书面实践报告，包括具体实践步骤及详细操作方法、结果及分析、问题讨论。重点报告的内容包括：

①详述CHM分割法提取树高的操作方法。

②详述点云分割法提取树高的操作方法。

③详述CHM种子点分割法提取树高的操作方法。

④详述层堆叠种子点分割法提取树高的操作方法。

⑤每人提交作业区单木树高提取的主要结果(电子版)。

多旋翼无人机基础知识习题集

1. 无人机的英文缩写是(   )。
   A. UVS   B. UAS   C. UAV
2. 超近程无人机活动半径在(   )。
   A. <15 km   B. 15~50 km   C. 200~800 km
3. 近程无人机活动半径在(   )。
   A. <15 km   B. 15~50 km   C. 200~800 km
4. 中程无人机活动半径在(   )。
   A. 50~200 km   B. 200~800 km   C. >800 km
5. 超低空无人机任务高度一般在(   )。
   A. 0~100 m   B. 100~1000 m   C. 0~50 m
6. 不属于无人机系统的是(   )。
   A. 飞行器平台   B. 飞行员   C. 导航飞控系统
7. 微型无人机是指(   )。
   A. 小于7 kg
   B. 大于7 kg，小于116 kg
   C. 大于116 kg，小于5700 kg
8. 小型无人机是指空机质量大于116 kg，但小于(   )的无人机。
   A. 5500 kg   B. 5600 kg   C. 5700 kg
9. 轻型无人机，是指空机质量(   )。
   A. 小于7 kg
   B. 大于7 kg，小于116 kg
   C. 大于116 kg，小于5700 kg
10. 大型无人机是指空机质量大于(   )的无人机。
    A. 5500 kg   B. 5600 kg   C. 5700 kg
11. 低空无人机任务高度一般在(   )。
    A. 0~100 m   B. 100~1000 m   C. 1000~7000 m
12. 中空无人机任务高度一般在(   )。
    A. 0~100 m   B. 100~1000 m   C. 1000~7000 m
13. 目前主流的民用无人机所采用的动力系统通常为活塞式发动机和(   )。
    A. 火箭发动机   B. 涡扇发动机   C. 电动机
14. 电动动力系统主要由动力电机、动力电源和(   )组成。
    A. 电池   B. 调速系统   C. 无刷电机
15. 属于无人机飞控子系统功能的是(   )。
    A. 无人机姿态稳定与控制   B. 导航控制   C. 任务信息收集与传递
16. 无人机搭载任务设备重量主要受限制于(   )。

A. 空重 B. 载重能力 C. 最大起飞重量

17. 指挥控制与(　　)是无人机地面站的主要功能。

A. 导航 B. 任务规划 C. 飞行视角显示

18. 无人机地面站显示系统应能显示(　　)信息。

A. 无人机飞行员状态

B. 飞行器状态及链路、载荷状态

C. 飞行空域信息

19. 地面站地图航迹显示系统可为无人机驾驶员提供飞行器(　　)等信息。

A. 飞行姿态 B. 位置 C. 飞控状态

20. 导航子系统功能是向无人机提供(　　)信息，引导无人机沿指定航线安全准时准确飞行。

A. 高度、速度、位置 B. 角速度 C. 角加速度

21. 飞控子系统可以不具备如下功能(　　)。

A. 姿态稳定与控制 B. 导航与制导控制 C. 任务分配与航迹规划

22. (　　)通常包括指挥调度、任务规划、操作控制、显示记录等功能。

A. 数据链路分系统 B. 无人机地面站系统 C. 飞控与导航系统

23. 地面控制站飞行参数综合显示的内容包括(　　)。

A. 飞行与导航信息、数据链状态信息、设备状态信息、指令信息

B. 导航信息显示、航迹绘制显示以及地理信息的显示

C. 告警信息、地图航迹显示信息

24. 在大气层内，大气密度(　　)。

A. 在平流层内随高度增加保持不变

B. 随高度增加而增加

C. 随高度增加而减小

25. 在大气层内，大气压强(　　)。

A. 随高度增加而增加

B. 随高度增加而减小

C. 在平流层内随高度增加保持不变

26. 空气的密度(　　)。

A. 与压力成正比 B. 与压力成反比 C. 与压力无关

27. 在对流层内，空气的温度(　　)。

A. 随高度增加而降低 B. 随高度增加而升高 C. 随高度增加保持不变

28. 飞机升力的大小与空气密度的关系是(　　)。

A. 空气密度成正比 B. 空气密度无关 C. 空气密度成反比

29. 多轴旋翼飞行器通过(　　)改变控制飞行轨迹。

A. 总距杆 B. 转速 C. 尾桨

30. 关于对流层的主要特征，正确的是(　　)。

A. 气温随高度不变

B. 气温、湿度的水平分布均匀

C. 空气具有强烈的垂直混合

31. 三大气象要素为( )。

 A. 气温、气压和空气湿度 B. 气温、风和云 C. 风、云和降水

32. 在标准大气中，海平面上的气温和气压值是( )。

 A. 15 ℃，1000 hPa B. 0 ℃，760 mmHg C. 15 ℃，1013.25 hPa

33. 当气温高于标准大气温度时，飞机的载重量要( )。

 A. 增加 B. 减小 C. 保持不变

34. 飞机按气压式高度表指示的一定高度飞行，在飞向低压区时，飞机的实际高度将( )。

 A. 保持不变 B. 逐渐升高 C. 逐渐降低

35. 飞机在比标准大气冷的空气中飞行时，气压高度表所示高度将比实际飞行高度( )。

 A. 相同 B. 低 C. 高

36. 地面风具有明显日变化的主要原因是( )。

 A. 气压的变化 B. 摩擦力的变化 C. 乱流强度的变化

37. 地面的地形和大的建筑物会( )。

 A. 汇聚风的流向

 B. 产生会快速改变方向和速度的阵风

 C. 产生稳定方向和速度的阵风

38. 能见度是反映大气透明度的一个指标，下列测量大气能见度的错误方法是( )。

 A. 用望远镜目测

 B. 使用大气透射仪

 C. 使用激光能见度自动测量仪

39. 下述何种天气现象是稳定大气的特征( )。

 A. 能见度极好 B. 能见度较差 C. 有阵性降水

40. 最小能见度是指( )。

 A. 能看到最近的物体距离

 B. 能见度因方向而异时，其中最小的能见距离

 C. 能见度因方向而异时，垂直和水平能见度最小的距离

41. 在山区飞行时应注意最强的乱流出现在( )。

 A. 山谷中间 B. 山的迎风坡 C. 山的背风坡

42. 气象上的风向是指( )。

 A. 风的去向 B. 风的来向 C. 气压梯度力的方向

43. 空域是航空器运行的环境，也是宝贵的国家资源。国务院、中央军委十分重视我国民用航空交通管制的建设工作，目前正在推进空域管理改革，预计划分3类空域，为( )。

 A. 管制空域、监视空域和报告空域

B. 管制空域、非管制空域和报告空域

C. 管制空域、非管制空域和特殊空域

44. 空域管理的具体办法由( )制定。

A. 民用航空局

B. 中央军事委员会

C. 国务院和中央军事委员会

45. 在一个划定的管制空域内，由( )负责该空域内的航空器的空中交通管制。

A. 军航或民航的一个空中交通管制单位

B. 军航和民航的各一个空中交通管制单位

C. 军航的一个空中交通管制单位

46. 空中交通管制单位为飞行中的民用航空器提供的空中交通服务中含有( )。

A. 飞行情报服务　　　　B. 机场保障服务　　　　C. 导航服务

47. 申请飞行计划通常应当于飞行前一日什么时间向空中交通管制部门提出申请，并于( )通知有关单位。

A. 15：00 前　　　　　B. 16：00 前　　　　　C. 17：00 前

48. 执行紧急救护、抢险救灾或者其他紧急任务，飞行计划申请最迟应在飞行前( )提出。

A. 30 min　　　　　　B. 1 h　　　　　　　C. 2 h

49. 下面哪个单位领导全国的飞行管制工作( )。

A. 国务院

B. 民航局

C. 国务院、中央军委空中交通管制委员会

50. 学生驾驶员在单飞之前必须在其飞行经历记录本上，有授权教员的签字，证明其在单飞日期之前( )天内接受了所飞型号航空器的训练。

A. 90　　　　　　　　B. 60　　　　　　　　C. 30

51. 依法取得中华人民共和国国籍的民用航空器，应当标明规定的国籍标志和( )。

A. 公司标志　　　　　B. 登记标志　　　　　C. 机型标志

52. 下列航空法律法规中级别最高的是( )。

A. 《中华人民共和国飞行基本规则》

B. 《中华人民共和国民用航空法》

C. 《中华人民共和国搜寻援救民用航空器的规定》

53. 《中华人民共和国民用航空法》自( )起施行。

A. 1996年1月1日　　　B. 1996年3月1日　　　C. 1997年1月1日

54. 下列关于"飞行管理"不正确的叙述是( )。

A. 在一个划定的管制空域内，可由两个空中交通管制单位负责空中交通管制

B. 通常情况下，民用航空器不得飞入禁区和限制区

C. 民用航空器未经批准不得飞出中华人民共和国领空

55. 民用航空器在管制空域内飞行( )。

A. 可以自由飞行

B. 可以按 VF 自由飞行

C. 必须取得空中交通管制单位的许可

56. 在下列哪种情况下民用航空器可以飞越城市上空(　　)。

A. 指定的航路必需飞越城市上空时

B. 能见地标的目视飞行时

C. 夜间飞行时

57. 无识别标志的航空器因特殊情况需要飞行的,(　　)。

A. 必须经相关管制单位批准

B. 必须经中国人民解放军空军批准

C. 必须经中国民用航空总局空中交通管理局批

58. 下列情况下,无人机系统驾驶员由民航局实施管理(　　)。

A. 在融合空域运行的轻型无人机

B. 在融合空域运行的小型无人机

C. 在隔离空域内超视距运行的无人机

59. 无人机驾驶员在执行飞行任务时,应当随身携带(　　)。

A. 飞行记录本　　　　B. 飞机适航证书　　　　C. 驾驶员执照或合格证

60. 飞行的组织与实施包括(　　)。

A. 飞行预先准备、飞行直接准备、飞行实施和飞行讲评 4 个阶段

B. 飞行直接准备、飞行实施和飞行讲评 3 个阶段

C. 飞行预先准备、飞行准备和飞行实施 3 个阶段

61. 飞行的安全高度是避免航空器与地面障碍物相撞的(　　)。

A. 航图网格最低飞行高度　　B. 最低飞行安全高度　　C. 最低飞行高度

62. 民用航空器因故确需偏离指定的航路或者改变飞行高度飞行时,应当首先(　　)。

A. 得到机长的允许

B. 取得机组的一致同意

C. 取得空中交通管制单位的许可

63. 在中华人民共和国境内飞行的航空器须遵守统一飞行规则,该规则应由(　　)制定。

A. 民用航空局和中央军委　　B. 中央军委　　　　C. 国务院和中央军委

64. 关于民用航空器使用禁区的规定是(　　)。

A. 绝对不得飞入

B. 符合目视气象条件方可飞入

C. 按照国家规定经批准后方可飞入

65. 民用航空器的适航管理由(　　)负责。

A. 民航局　　　　　　　B. 国务院　　　　　　　C. 中央军委

66. 任何单位或者个人设计民用航空器,应当向民航局申请(　　)。

A. 适航证　　　　　　　B. 生产许可证　　　　　C. 型号合格证

67. 任何单位或者个人未取得(　　)，均不得生产民用航空器。
   A. 适航证　　　　　　　　B. 生产许可证　　　　　　　　C. 型号合格证
68. 民用航空器必须具有民航局颁发的(　　)方可飞行。
   A. 适航证　　　　　　　　B. 经营许可证　　　　　　　　C. 机场使用许可证
69. 关于"民用航空器国籍"正确的叙述是(　　)。
   A. 民用航空器可以不进行国籍登记而投入运行
   B. 民用航空器只能具有一国国籍
   C. 自外国租赁的民用航空器不能申请我国国籍
70. 民用航空适航管理是对(　　)环节进行管理。
   A. 设计、制造
   B. 使用和维修
   C. 设计、制造、使用和维修
71. 民用无人驾驶航空器系统驾驶员合格证由(　　)颁发。
   A. 民航局下属司(局)
   B. 中国航空器拥有者及驾驶员协会(中国 AOPA)
   C. 地区管理局
72. 民用无人驾驶航空器系统驾驶员执照由(　　)颁发。
   A. 民航局下属司(局)
   B. 中国航空器拥有者及驾驶员协会
   C. 地区管理局
73. 从事飞行的民用航空器不需要携带的文件是(　　)。
   A. 飞行人员相应的执照或合格证
   B. 飞行记录簿
   C. 民用航空器适航证书
74. 民用无人驾驶航空器系统视距内运行是指航空器处于驾驶员或观测员目视视距内半径(　　)m，相对高度低于(　　)m 的区域内。
   A. 120，500　　　　　　　B. 500，120　　　　　　　C. 100，50
75. 在遇到特殊情况，民用航空器的机长为保证民用航空器及其人员的安全，(　　)。
   A. 应当及时向管制单位报告，按照相关规定进行正确处置
   B. 应当及时向签派或上级领导报告，按照相关规定进行正确处置
   C. 有权对航空器进行处置
76. 中华人民共和国境内的飞行管制(　　)。
   A. 由中国人民解放军空军统一组织实施，各有关飞行管制部门按照各自的职责分工提供空中交通管制服务
   B. 由国务院、中央军委空中交通管制委员会统一组织实施，各有关飞行管制部门按照各自的职责分工提供空中交通管制服务
   C. 由中国民用航空总局空中交通管理局统一组织实施，各有关飞行管制部门按照各自的职责分工提供空中交通管制服务

77. 飞行申请的内容包括( )。
A. 任务性质、航空器型别、装载情况、飞行范围、起止时间、飞行高度和飞行条件
B. 任务性质、航空器型别、飞行范围、起止时间、飞行高度和飞行条件
C. 任务性质、航空器型别、装载情况、起止时间、飞行高度和飞行条件

78. 飞行人员未按中华人民共和国基本规则规定履行职责的，由有关部门依法给予行政处分或者纪律处分情节严重的，依法给予吊扣执照或合格证的处罚，或责令停飞( )。
A. 半年，一至三个月
B. 一至三个月，半年
C. 一至六个月，一至三个月

79. 旋翼机在停机坪上起飞和着陆时，距离其他航空器或者障碍物的水平距离不少于( )。
A. 10 m　　　　　　　B. 20 m　　　　　　　C. 25 m

80. 旋翼机飞行时间的含义是指( )。
A. 自旋翼机起飞离地到着陆接地的瞬间
B. 自旋翼机起飞滑跑至着陆滑跑终止的瞬间
C. 自旋翼机旋翼开始转动至旋翼停止转动的瞬间

81. 据统计，无人机系统事故60%以上发生在( )。
A. 起降阶段　　　　　B. 巡航阶段　　　　　C. 滑跑阶段

82. 操纵无人机长时间爬升，发动机温度容易高，下列正确的操纵是( )。
A. 适时定高飞行，待各指标正常后再继续爬升
B. 发现发动机各参数不正常时迅速转下降
C. 不必操纵，信任发动机自身性能

83. 昼间飞行的含义指的是( )。
A. 从日出到日落间的飞行
B. 从天黑到天亮间的飞行
C. 从天亮到日落间的飞行

84. 夜间飞行的含义指的是( )。
A. 从天黑到天亮间的飞行
B. 从日落到天亮间的飞行
C. 从日落到日出间的飞行

85. 为保证安全飞行，在飞行过程中，至少需要花( )的时间进行搜索。
A. 50%　　　　　　　B. 70%　　　　　　　C. 90%

86. 多轴飞行器动力系统主要使用( )。
A. 无刷电机　　　　　B. 有刷电机　　　　　C. 四冲程发动机

87. 多轴飞行器动力系统主要使用( )。
A. 步进电机　　　　　B. 内转子电机　　　　C. 外转子电机

88. 多轴飞行器使用的电调一般为( )。
A. 双向电调　　　　　B. 有刷电调　　　　　C. 无刷电调

89. 多轴飞行器使用的动力电池一般为(　　)。
　　A. 聚合物锂电池　　　　　　B. 铅酸电池　　　　　　　C. 银锌电池
90. 部分多轴飞行器螺旋桨根部标有"CCW"字样,其含义为(　　)。
　　A. 此螺旋桨由 CCW 公司生产
　　B. 此螺旋桨为顶视顺时针旋转
　　C. 此螺旋桨为顶视逆时针旋转
91. 多轴飞行器的飞控指的是(　　)。
　　A. 机载导航飞控系统　　　　B. 机载遥控接收机　　　　C. 机载任务系统
92. 多轴飞行时地面人员手里拿的"控"指的是(　　)。
　　A. 地面遥控发射机　　　　　B. 导航飞控系统　　　　　C. 链路系统
93. 某多轴飞行器动力电池标有 11.1V,属于(　　)。
　　A. 6S 锂电池　　　　　　　B. 11.1S 锂电池　　　　　C. 3S 锂电池
94. 多轴飞行器的遥控器一般有(　　)。
　　A. 2 个通道　　　　　　　　B. 3 个通道　　　　　　　C. 4 个及以上通道
95. 多轴的"轴"指(　　)。
　　A. 舵机轴　　　　　　　　　B. 飞行器运动坐标轴　　　C. 动力输出轴
96. 多轴飞行器起降时接触地面的是(　　)。
　　A. 机架　　　　　　　　　　B. 云台架　　　　　　　　C. 脚架
97. 多轴飞行器动力电池充电尽量选用(　　)。
　　A. 便携充电器　　　　　　　B. 快速充电器　　　　　　C. 平衡充电器
98. 多轴飞行器的每个"轴"一般连接(　　)。
　　A. 1 个电调,1 个电机　　　B. 2 个电调,1 个电机　　 C. 1 个电调,2 个电机
99. 多轴飞行器上的电信号传播顺序一般为(　　)。
　　A. 飞控—机载遥控接收机—电机—电调
　　B. 机载遥控接收机—飞控—电调—电机
　　C. 飞控—电调—机载遥控接收机—电机
100. 电调上最粗的红线和黑线用来连接(　　)。
　　A. 动力电池　　　　　　　　B. 电动机　　　　　　　　C. 机载遥控接收机
101. 4 轴飞行器飞行运动中有(　　)。
　　A. 6 个自由度,3 个运动轴
　　B. 4 个自由度,4 个运动轴
　　C. 4 个自由度,3 个运动轴
102. 描述一个多轴无人机地面遥控发射机是"日本手",是指(　　)。
　　A. 右手上下动作控制油门或高度
　　B. 左手上下动作控制油门或高度
　　C. 左手左右动作控制油门或高度
103. 多轴飞行器飞控板上一般会安装(　　)。
　　A. 1 个角速率陀螺　　　　　B. 3 个角速率陀螺　　　　C. 6 个角速率陀螺

104. 多轴飞行器飞控计算机的功能不包括(　　)。
A. 稳定飞行器姿态　　　　B. 接收地面控制信号　　　C. 导航

105. 某多轴电调上标有"30A"字样,是指(　　)。
A. 电调所能承受的最大瞬间电流是 30 安培
B. 电调所能承受的稳定工作电流是 30 安培
C. 电调所能承受的最小工作电流是 30 安培

106. 某多轴电调上有"BEC 5 V"字样,是指(　　)。
A. 电调需要从较粗的红线与黑线输入 5 V 的电压
B. 电调能从较粗的红线与黑线向外输出 5 V 的电压
C. 电调能从较细的红线与黑线向外输出 5 V 的电压

107. 电子调速器英文缩写是(　　)。
A. BEC　　　　　　　　B. ESC　　　　　　　　C. MCS

108. 无刷电机与有刷电机的区别为(　　)。
A. 无刷电机效率较高　　B. 有刷电机效率较高　　C. 两类电机效率差不多

109. 下列关于多轴使用的无刷电机与有刷电机说法正确的是(　　)。
A. 有刷电机驱动交流电机
B. 无刷电机驱动交流电机
C. 无刷电机驱动直流电机

110. 某多轴电机标有"2208"字样,是指(　　)。
A. 该电机最大承受 22 V 电压,最小承受 8V 电压
B. 该电机定子高度为 22 mm
C. 该电机定子直径为 22 mm

111. 某多轴电机转速为 3000 转,是指(　　)。
A. 每分钟 3000 转　　　B. 每秒钟 3000 转　　　C. 每小时 3000 转

112. 某螺旋桨是正桨,是指(　　)。
A. 从多轴飞行器下方观察,该螺旋桨逆时针旋转
B. 从多轴飞行器上方观察,该螺旋桨顺时针旋转
C. 从多轴飞行器上方观察,该螺旋桨逆时针旋转

113. 八轴飞行器安装有(　　)。
A. 8 个顺时针旋转螺旋桨
B. 2 个顺时针旋转螺旋桨,6 个逆时针旋转螺旋桨
C. 4 个顺时针旋转螺旋桨,4 个逆时针旋转螺旋桨

114. 同样重量不同类型的动力电池,容量最大的是(　　)。
A. 聚合物锂电池　　　　B. 镍镉电池　　　　　　C. 镍氢电池

115. 同样容量不同类型的电池,重量最轻的是(　　)。
A. 铅酸蓄电池　　　　　B. 碱性电池　　　　　　C. 聚合物锂电池

116. 多轴飞行器使用的锂聚合物动力电池,其单体标称电压为(　　)。
A. 1.2 V　　　　　　　　B. 11.1 V　　　　　　　C. 3.7 V

117. 某多轴动力电池标有"3S2P"字样，是指(　　)。
　　A. 电池由 3S2P 公司生产
　　B. 电池组先由 2 个单体串联，再将串联后的 3 组并联
　　C. 电池组先由 3 个单体串联，再将串联后的 2 组并联

118. 某多轴动力电池容量为 6000 mAh，表示(　　)。
　　A. 理论上，以 6 A 电流放电，可放电 1 h
　　B. 理论上，以 60 A 电流放电，可放电 1 h
　　C. 理论上，以 6000 A 电流放电，可放电 1 h

119. 以下(　　)在没有充分放电的前提下，不能够以大电流充电。
　　A. 铅酸蓄电池　　　　　　B. 镍镉电池　　　　　　C. 锂聚合物电池

120. 以下(　　)动力电池的放电电流最大。
　　A. 2000 mAh，30 C　　　　B. 20 000 mAh，5 C　　　C. 8000 mAh，20 C

121. 同一架多轴飞行器，在同样做好动力匹配的前提下(　　)。
　　A. 两叶桨的效率高　　　　B. 三叶桨的效率高　　　　C. 两种桨效率一样高

122. 部分多轴飞行器螺旋桨加有外框，其主要作用是(　　)。
　　A. 提高螺旋桨效率　　　　B. 增加外形的美观　　　　C. 防止磕碰提高安全性

123. 目前技术条件下，燃油发动机不适合作为多轴飞行器动力的原因，表述不正确的是(　　)。
　　A. 生物燃料能量密度低于锂电池
　　B. 调速时响应较慢，且出于安全性原因需要稳定转速工作
　　C. 尺寸、重量较大

124. 一架 4 轴飞行器，在其他任何设备均不更换的前提下，安装了 4 个大得多的螺旋桨，下面说法不一定正确的是(　　)。
　　A. 升力变大　　　　　　　B. 转速变慢　　　　　　　C. 桨盘载荷变小

125. 4 轴飞行器，改变航向时(　　)。
　　A. 相邻的 2 个桨加速，另 2 个桨减速
　　B. 相对的 2 个桨加速，另 2 个桨减速
　　C. 4 个桨均加速

126. 下面关于多轴旋翼的说法错误的是(　　)。
　　A. 本质上讲旋翼是一个能量转换部件，它把电动机传来的旋转动能转换成旋翼拉力
　　B. 旋翼的基本功能是产生旋翼拉力
　　C. 旋翼的基本功能是产生前进推力

127. 多轴飞行器常用螺旋桨的剖面形状是(　　)。
　　A. 对称形　　　　　　　　B. 凹凸形　　　　　　　　C. "S"形

128. 多轴飞行器的旋翼旋转方向一般为(　　)。
　　A. 俯视多轴飞行器顺时针旋翼
　　B. 俯视多轴飞行器逆时针旋翼
　　C. 俯视多轴飞行器两两对应

129. 某多轴飞行器螺旋桨标有"CW"字样,表明该螺旋桨(   )。
   A. 俯视多轴飞行器顺时针旋翼
   B. 俯视多轴飞行器逆时针旋翼
   C. 该螺旋桨为"CW"牌

130. 如不考虑结构、尺寸、安全性等其他因素,单纯从气动效率出发,同样起飞重量的8轴飞行器与4轴飞行器,(   )。
   A. 4轴效率高   B. 8轴效率高   C. 效率一样

131. 围绕多轴飞行器横轴的是(   )运动。
   A. 滚转   B. 俯仰   C. 偏航

132. 以下不是多轴飞行器优点的是(   )。
   A. 结构简单   B. 成本低廉   C. 气动效率高

133. 围绕多轴飞行器纵轴的是(   )运动。
   A. 滚转   B. 俯仰   C. 偏航

134. 围绕多轴飞行器立轴的是(   )运动。
   A. 滚转   B. 俯仰   C. 偏航

135. 悬停状态的四轴飞行器如何实现向左移动(   )。
   A. 纵轴右侧的螺旋桨减速,纵轴左侧的螺旋桨加速
   B. 纵轴右侧的螺旋桨加速,纵轴左侧的螺旋桨减速
   C. 横轴前侧的螺旋桨加速,横轴后侧的螺旋桨减速

136. 悬停状态的四轴飞行器如何实现向后移动(   )。
   A. 纵轴右侧的螺旋桨减速,纵轴左侧的螺旋桨加速
   B. 横轴前侧的螺旋桨减速,横轴后侧的螺旋桨加速
   C. 横轴前侧的螺旋桨加速,横轴后侧的螺旋桨减速

137. 如果多轴飞行器安装的螺旋桨与电动机不匹配,桨尺寸过大,会带来的坏处不包括(   )。
   A. 电机电流过大,造成损坏
   B. 电调电流过大,造成损坏
   C. 飞控电流过大,造成损坏

138. 当多轴飞行器地面站出现飞行器电压过低报警时,第一时刻采取的措施不包括(   )。
   A. 迅速将油门收到0
   B. 一键返航
   C. 控制姿态,逐渐降低高度,迫降至地面

139. 多轴飞行器在风中悬停时下列影响正确的是(   )。
   A. 与无风悬停相比,逆风悬停机头稍低,且逆风速越大,机头越低
   B. 一般情况下,多轴飞行器应尽量在顺风中悬停
   C. 侧风作用使多轴飞行器沿风的去向位移,因此侧风悬停时应向风来的反方向压杆

140. 多数多轴飞行器自主飞行过程利用(   )实现高度感知。

A. 气压高度计 B. GPS C. 超声波高度计

141. 多数多轴飞行器自主飞行过程利用（　　）实现位置感知。

A. 平台惯导 B. 捷联惯导 C. GPS

142. 多数多轴飞行器自主飞行过程利用（　　）实现速度感知。

A. GPS B. 空速管 C. 惯导

143. 多轴飞行器 GPS 定位中，最少达到（　　）星，才能够在飞行中保证基本的安全。

A. 2~3 颗 B. 4~5 颗 C. 6~7 颗

144. 多轴飞行器中的 GPS 天线应尽量安装在（　　）。

A. 飞行器顶部 B. 飞行器中心 C. 飞行器尾部

145. 多轴飞行器动力装置多为电动系统的最主要原因是（　　）。

A. 电动系统尺寸较小且较为廉价

B. 电动系统形式简单且电机速度响应快

C. 电动系统干净且不依赖传统生物燃料

146. 关于多轴飞行器定义描述正确的是（　　）。

A. 具有两个及以上旋翼轴的旋翼航空器

B. 具有不少于四个旋翼轴的无人旋翼航空器

C. 具有三个及以上旋翼轴的旋翼航空器

147. 多轴飞行器飞控市场上的 APM 飞控特点是（　　）。

A. 可以应用于各种特种飞行器

B. 基于 Android 开发

C. 配有地面站软件，代码开源

148. 目前多轴旋翼飞行器飞控市场上的 DJI NAZA 飞控特点是（　　）。

A. 可以应用于各种特种飞行器

B. 稳定，商业软件，代码不开源

C. 配有地面站软件，代码开源

149. 多轴飞行器使用的电调通常被划分为（　　）。

A. 有刷电调和无刷电调 B. 直流电调和交流电调 C. 有极电调和无极电调

150. 关于多轴飞行器使用的动力电机 kV 值描述正确的是（　　）。

A. 外加 1 V 电压对应的每分钟负载转速

B. 外加 1 V 电压对应的每分钟空转转速

C. 额定电压值时电机每分钟空转转速

151. 关于多轴飞行器机桨与电机匹配描述正确的是（　　）。

A. 大螺旋桨要用低 kV 电机

B. 大螺旋桨要用高 kV 电机

C. 小螺旋桨要用高 kV 电机

152. 八轴飞行器某个电机发生故障时，对应做出类似停止工作的电机应是（　　）电机。

A. 对角

B. 俯视顺时针方向下一个

C. 俯视顺时针方向下下一个

153. 相对于传统直升机，多轴最大的优势是(　　)。

A. 气动效率高　　　　　B. 载重能力强　　　　　C. 结构与控制简单

154. 相对于传统直升机，多轴的劣势是(　　)。

A. 速度　　　　　　　　B. 载重能力　　　　　　C. 悬停能力

155. 多轴飞行器飞行时，使用(　　)模式，驾驶员的压力最大。

A. GPS　　　　　　　　 B. 增稳　　　　　　　　C. 纯手动

156. 在多轴飞行任务中，触发失控返航时，应(　　)，打断飞控当前任务，取回手动控制权。

A. GPS 手动模式切换　　 B. 云台状态切换　　　　C. 航向锁定切换

157. 以多轴航拍飞行器为例，是否轴数越多载重能力越大(　　)。

A. 是　　　　　　　　　B. 不是　　　　　　　　C. 不一定

158. 下列哪个因素对多轴航拍效果影响最大(　　)。

A. 风速　　　　　　　　B. 负载体积　　　　　　C. 负载类型

159. 多轴航拍中往往需要使用相机的位移补偿功能，导致使用此功能的原因是(　　)。

A. 飞行器的速度　　　　B. 风速　　　　　　　　C. 飞行器姿态不稳

160. 对于多轴航拍飞行器云台说法正确的是(　　)。

A. 云台保证无人机在云层上飞行的安全

B. 云台是航拍设备的增稳和操纵装置

C. 云台的效果与传统舵机一样

161. 使用多轴飞行器作业(　　)。

A. 应在人员密集区，如公园、广场等

B. 在规定空域使用，且起飞前提醒周边人群远离

C. 不受环境影响

162. 对于多轴飞行器，飞行速度影响航拍设备曝光，以下正确的是(　　)。

A. 速度越快，需提高曝光度，保证正常曝光

B. 速度越快，需降低曝光度，保证正常曝光

C. 速度快慢，不影响拍摄曝光

163. 使用多轴飞行器，拍摄夜景时，应(　　)。

A. 降低飞行速度，保证正常曝光

B. 降低飞行高度，保证正常曝光

C. 与白天没有明显区别

164. 使用多轴飞行器，航拍过程中，必须紧急返航的情况是(　　)。

A. 距离过远，高度过高，超出视线范围

B. 监视器显示无人机电池电量过低

C. 图传监视器有干扰不稳定

165. 使用多轴飞行器，航拍过程中，为了保证画面明暗稳定，相机尽量设定为(　　)。

A. 光圈固定　　　　　　B. 快门固定　　　　　　C. ISO 固定

166. 多轴飞行器在地面风速大于(　　)级时作业，会对飞行器安全和拍摄稳定有影响。

A. 2 级　　　　　　　　B. 4 级　　　　　　　　C. 6 级

167. 使用多轴飞行器在低温及潮湿环境中作业时的注意事项，不包括(　　)。

A. 曝光偏差

B. 起飞前动力电池的保温

C. 飞行器与摄像器材防止冰冻

168. 使用多轴飞行器航拍时，(　　)可以改善画面的"水波纹"现象。

A. 提高飞行速度

B. 改善云台和电机的减震性能

C. 改用姿态模式飞行

169. 使用多轴飞行器，航拍过程中，关于曝光描述错误的是(　　)。

A. 全自动拍摄

B. 以拍摄主体为主，预先设定好曝光量

C. 最好用高 ISO 来拍摄

170. 使用多轴飞行器航拍过程中，温度对摄像机的影响描述正确的是(　　)。

A. 在温差较大的环境中拍摄要注意镜头的结雾

B. 在温度较高的环境拍摄摄像机电池使用时间短

C. 在温度较低的环境拍摄摄像机电池使用时间长

171. 多轴飞行器正常作业受自然环境影响的主要因素是(　　)。

A. 地表是否凹凸平坦　　B. 风向　　　　　　　　C. 温度、风力

172. 关于部分多轴飞行器，机臂上反角设计描述正确的是(　　)。

A. 提高稳定性　　　　　B. 提高机动性　　　　　C. 减少电力损耗

173. 关于多轴飞行器的优势描述不正确的是(　　)。

A. 成本低廉　　　　　　B. 气动效率高　　　　　C. 结构简单　便携

174. 多轴飞行器重心过高于或过低于桨平面会(　　)。

A. 增加稳定性　　　　　B. 降低机动性　　　　　C. 显著影响电力消耗

175. 下列哪种方式有可能会提高多轴飞行器的载重(　　)。

A. 电机功率不变，桨叶直径变大且桨叶总距变大

B. 桨叶直径不变，电机功率变小且桨叶总距变小

C. 桨叶总距不变，电机功率变大且桨叶直径变大

176. 在多轴飞行器航空摄影中，日出日落拍摄时，摄像机白平衡调整应调整为(　　)以拍出正常白平衡画面。

A. 高色温值　　　　　　B. 低色温值　　　　　　C. 闪光灯模式

177. 当多轴飞行器飞远超出视线范围无法辨别机头方向时，应对方式错误的是(　　)。

A. 加大油门

B. 一键返航

C. 云台复位通过图像确定机头方向

178. 多轴飞行器控制电机转速的直接设备为( )。

A. 电源　　　　　　　　B. 电调　　　　　　　　C. 飞控

179. 在高海拔、寒冷、空气稀薄地区，飞行负载不变，飞行状态会( )。

A. 功率损耗增大，飞行时间减少

B. 最大起飞重量增加

C. 飞行时间变长

180. 旋翼机下降过程中，正确的方法是( )。

A. 一直保持快速垂直下降　　B. 先慢后快　　　　　　C. 先快后慢

181. 描述一个多轴无人机地面遥控发射机是"美国手"，是指( )。

A. 右手上下动作控制油门或高度

B. 左手上下动作控制油门或高度

C. 左手左右动作控制油门或高度

182. 六轴飞行器安装有( )。

A. 6个顺时针旋转螺旋桨

B. 3个顺时针旋转螺旋桨，3个逆时针旋转螺旋桨

C. 4个顺时针旋转螺旋桨，2个逆时针旋转螺旋桨

183. 悬停状态的六轴飞行器如何实现向前移动( )。

A. 纵轴右侧的螺旋桨减速，纵轴左侧的螺旋桨加速

B. 横轴前侧的螺旋桨减速，横轴后侧的螺旋桨加速

C. 横轴前侧的螺旋桨加速，横轴后侧的螺旋桨减速

多旋翼无人机基础知识答案

1. C 2. A 3. B 4. B 5. A 6. B 7. A 8. B 9. A 10. C 11. B 12. C 13. C 14. B
15. A 16. B 17. B 18. B 19. B 20. A 21. C 22. B 23. A 24. C 25. B 26. A
27. A 28. A 29. B 30. C 31. A 32. C 33. B 34. C 35. C 36. A 37. B 38. A
39. A 40. B 41. C 42. B 43. A 44. C 45. A 46. A 47. A 48. B 49. C 50. A
51. B 52. B 53. B 54. A 55. C 56. A 57. B 58. B 59. C 60. A 61. C 62. C
63. C 64. C 65. A 66. C 67. B 68. A 69. B 70. C 71. B 72. A 73. B 74. B
75. C 76. A 77. B 78. C 79. A 80. C 81. A 82. A 83. A 84. C 85. B 86. A
87. C 88. C 89. A 90. C 91. C 92. A 93. C 94. C 95. C 96. C 97. C 98. A
99. B 100. A 101. A 102. A 103. C 104. B 105. A 106. C 107. B 108. A 109. B
110. C 111. A 112. C 113. C 114. A 115. C 116. C 117. C 118. A 119. B 120. C
121. A 122. C 123. A 124. A 125. B 126. C 127. B 128. C 129. A 130. A 131. B
132. C 133. A 134. C 135. B 136. C 137. C 138. A 139. A 140. B 141. C 142. A
143. B 144. A 145. B 146. C 147. C 148. B 149. A 150. B 151. A 152. A 153. C
154. A 155. C 156. A 157. C 158. A 159. A 160. B 161. B 162. A 163. A 164. B
165. C 166. B 167. A 168. B 169. C 170. A 171. C 172. A 173. B 174. B 175. C
176. B 177. A 178. B 179. A 180. C 181. B 182. B 183. B